城市节约用水技术丛书

节水新技术与示范工程实例

北京市城市节约用水办公室

中国建筑工业出版社

图书在版编目(CIP)数据

节水新技术与示范工程实例/北京市城市节约用水办公室.—北京:中国建筑工业出版社,2004
(城市节约用水技术丛书)
ISBN 7-112-06259-4

Ⅰ.节⋯ Ⅱ.北⋯ Ⅲ.城市用水:节约用水—北京市 Ⅳ.TU991.64

中国版本图书馆 CIP 数据核字(2003)第 117318 号

责任编辑:刘爱灵
责任设计:孙 梅
责任校对:王金珠

城市节约用水技术丛书
节水新技术与示范工程实例
北京市城市节约用水办公室
*
中国建筑工业出版社出版、发行(北京西郊百万庄)
新 华 书 店 经 销
北京市兴顺印刷厂印刷
*

开本:787×960 毫米 1/16 印张:13¾ 字数:280 千字
2004 年 2 月第一版 2004 年 6 月第二次印刷
印数:3501—6500 册 定价:**28.00** 元
ISBN 7-112-06259-4
TU·5521(12273)
版权所有 翻印必究
如有印装质量问题,可寄本社退换
(邮政编码 100037)
本社网址:http://www.china-abp.com.cn
网上书店:http://www.china-building.com.cn

《节水新技术与示范工程实例》
编辑委员会

主　　　任：阜柏楠

副 主 任：林　铎　　张　萍

主　　　编：刘　红

执行主编：李桂芝

主　　　审：何建平

参加编写人员：孟光辉　岳亮　张英　汪宏玲

　　　　　　　李长平　郑晓英

序　　言

随着我国经济的持续快速发展,用水量和污水排放量不断增加,水的资源性短缺和水质性短缺已经成为部分地区社会和经济发展的严重制约因素。当前,我国正处于高速城市化时期,城市在经济发展和社会生活中的地位越来越重要。尽管城市供水量在全社会供水量中所占比例较小,但由于产业和人口的高度集聚,城市供水的安全性有了更高的要求。一旦发生水资源危机,将使城市的正常运行首当其冲地受到威胁,从而可能引发全局性的社会和经济问题。

为缓解城市水资源短缺的矛盾,最有效的手段之一就是全面节水,坚持"节流优先、治污为本、多渠道开源"的水资源可持续利用战略,始终把节水和治污放在首位,努力建设节水型城市。在这方面,北京市开展了卓有成效的工作,包括节约用水、循环用水、利用雨水、污水处理再生利用等,进行了大量科学研究和工程实践,创造出不少好经验、好措施、好技术。

本书汇集了城市节水的研究成果和新技术,总结了一批节水工程的实例,为今后深入开展城市节水工作提供了诸多借鉴。希望本书的问世能够对节水事业的发展起到积极的推动作用。

前　言

随着社会经济的发展和城市规模的扩大,水资源匮乏的矛盾日益加深,供水不足成为阻碍许多城市继续发展的普遍问题。

北京是严重缺水的城市,北京市人均水资源不足 $300m^3$,是全国人均水资源量的 1/8,世界人均水资源量的 1/30。面对水资源短缺日趋严峻的形势,北京市采取各种措施,下大力气抓节约用水工作,确定了"节流、开源、保护水源"并重的方针,为把北京建成节水型城市,城市污水资源化作为城市可持续发展的重要措施提到了议事日程。

进入 80 年代以来,为适应城市用水的需要,缓和城市用水的供需矛盾,北京市各行各业,许多单位做了大量的工作,进行节水技术改造即为其中之一。多年来,北京市城市节约用水办公室在节水技术改造和节水技术研究上投入了大量的人力、物力,完成了一系列具有典型意义的节水工程和节水新技术研究,其中包括:冷却水循环利用、雨水利用、污水处理再生回用、绿化微喷改造等。通过大量的研究和工程实践,总结和归纳了一套节水技术改造的经验。为此,北京市城市节约用水办公室组织编写了《节水新技术与示范工程实例》。本书分为两篇,第一篇介绍了北京市节水技术研究的主要内容;第二篇介绍了节水示范工程实例。目的在于总结经验,以利推广并推动今后节水工作的发展。

北京市城市节约用水办公室何建平、孟光辉、岳亮、汪宏玲负责并组织收集工作,北京工业大学的李桂芝、张英、李长平、郑晓英等参加了本书的编写工作。

本书的编写得到了北京市市政管理委员会的指导,在此表示衷心的感谢。

由于水平有限,书中难免出现错误和不妥之处,敬请读者不吝指正。

编　者

2003 年 9 月

目 录

第一篇 节水新技术研究

1 现代城市雨水利用技术 ……………………………………………………… 1
2 城市下凹式绿地 ……………………………………………………………… 11
3 典型年份下凹式绿地雨水蓄渗效果分析 …………………………………… 13
4 设计暴雨条件下下凹式绿地雨水蓄渗效果分析 …………………………… 18
5 生物絮凝沉淀—生物氧化絮凝沉淀水处理技术 …………………………… 26
6 云岗污水处理站污水回用技术的研究 ……………………………………… 34
7 UASB 处理生活污水的中试研究 …………………………………………… 44
8 内循环三相生物流化床处理生活污水的中试研究 ………………………… 51
9 良乡北潞春绿色生态小区生活污水回用示范工程研究 …………………… 58
10 一体化膜生物反应器中水净化装置生产性示范工程研究 ………………… 63
11 酵母菌处理黄泔水的试验研究 ……………………………………………… 68
12 肉制品加工企业污水回用技术研究 ………………………………………… 73
13 生化制药废水的处理与回用技术研究 ……………………………………… 79
14 减少建筑给水和热水系统无效水耗的技术措施 …………………………… 84
15 冷却塔节能控制器 …………………………………………………………… 90
16 纳滤膜系统处理低压锅炉用软化水可行性研究 …………………………… 96
17 北京市工业用水模式研究 …………………………………………………… 102
18 北京市城区草坪灌溉制度及喷灌设备配套技术的研究 …………………… 112
19 草坪污水灌溉系统与灌溉制度研究 ………………………………………… 121

第二篇 节水示范工程实例

1 蒸汽冷凝水回收利用工程 …………………………………………………… 133
  1.1 北京市木材厂蒸汽冷凝水回用工程 …………………………………… 133
  1.2 北京西三旗热力厂高温蒸汽冷凝水回收改造工程 …………………… 137
  1.3 中国航天科技集团第一研究院蒸汽冷凝水回收改造工程 …………… 139
  1.4 北京饭店封闭式凝结水回收技术改造工程 …………………………… 140
  1.5 北京啤酒朝日有限公司蒸汽冷凝水回收工程 ………………………… 144
  1.6 北京炼焦化学厂蒸汽冷凝水回用工程 ………………………………… 146
  1.7 中国中医研究院蒸汽冷凝水回收利用工程 …………………………… 148
  1.8 北京医院蒸汽冷凝水回用系统改造工程 ……………………………… 151

  1.9 北京市南苑植物油厂冷凝水回收利用工程 ……………………… 153

2 污水再生利用和中水利用工程 ………………………………………… 155
  2.1 北京市木材厂中密度生产线废水处理再利用工程 ……………… 155
  2.2 北京亚新科天纬油泵油嘴股份有限责任公司工业及生活废水重复利用工程 …… 157
  2.3 北京服装学院中水利用工程 ……………………………………… 158
  2.4 中央民族大学中水利用工程 ……………………………………… 161
  2.5 北京师范大学中水利用工程 ……………………………………… 165
  2.6 北京国际饭店中水利用系统 ……………………………………… 166
  2.7 燕京饭店中水处理回用改造工程 ………………………………… 167
  2.8 地铁运营公司车辆二公司污水处理及中水回用工程 …………… 169
  2.9 北京清河毛纺厂染色废水深度处理回用工程 …………………… 172
  2.10 北京炼焦化学厂工业废水回用工程 ……………………………… 175

3 循环冷却水改造工程 …………………………………………………… 178
  3.1 北京市水泥机械总厂循环水改造工程 …………………………… 178
  3.2 朝阳气调库冷凝器改造 …………………………………………… 180
  3.3 北京大红门南郊冷冻厂制冷系统冷凝器改造 …………………… 181
  3.4 奥克兰防水材料有限公司循环水改造工程 ……………………… 183

4 园林绿化节水工程 ……………………………………………………… 185
  4.1 北京市高等院校系统绿地节水灌溉工程 ………………………… 185
  4.2 天坛公园喷灌改造工程 …………………………………………… 186
  4.3 日坛公园绿地喷灌工程 …………………………………………… 190
  4.4 中国农科院花卉所无土、立体、喷雾栽培工程 ………………… 192

5 雨水利用工程 …………………………………………………………… 194
  5.1 北京市第十五中学雨水利用回收工程 …………………………… 194
  5.2 青年湖公园雨水利用与湖水循环节水改造系统工程 …………… 196

6 其他类型节水技改工程 ………………………………………………… 200
  6.1 高井发电厂干除灰系统改造工程 ………………………………… 200
  6.2 北京服装学院浴室智能化管理刷卡计费改造工程 ……………… 202
  6.3 北京俸伯鸡场鸡舍饮水系统改造工程 …………………………… 203
  6.4 供水行业节水的重要途径 ………………………………………… 204
  6.5 首都旅游集团洗衣业节水改造工程 ……………………………… 206

第一篇 节水新技术研究

1 现代城市雨水利用技术

近10年来,城市雨水利用技术有了突飞猛进的发展,以适应现代化城市对水资源保护与可持续利用的要求,适应城市水生态环境保护以及可持续发展的要求。

从20世纪80年代到90年代约20年时间里,随着城市化带来的水资源紧缺和生态环境恶化,现代城市雨水利用受到越来越多的重视,许多国家开展了相关的研究和不同规模的工程应用。在技术上领先的国家已进入到标准化和产业化的阶段。例如德国在1989年就出台了雨水利用设施标准(DIN1989),对住宅、商业区与工业区雨水利用设施的设计、施工和运行管理,过滤,储存,控制与监测四个方面制定了标准。到1992年已出现"第二代"雨水利用技术。又经过近10年的应用与完善,发展到今天的"第三代"雨水利用技术。

中国城市雨水利用起步较晚,但已显示出良好的发展势头。北京建筑工程学院和北京市城市节水办从1998年开始"北京市城区雨水利用技术研究及雨水渗透扩大试验"项目研究,2001年4月通过鉴定,开始在8个城区以示范工程进行推广应用,并获2002年北京市科技进步成果三等奖;上海、南京、大连、哈尔滨、西安等许多城市相继开展研究与应用。由于缺水形势严峻,北京城市雨水利用技术发展较快。2001年国务院批准的《21世纪初期首都水资源可持续利用规划》已包括雨洪利用的规划内容;《北京市节约用水若干规定》(即北京市政府66号令)中明确要求开展市区的雨水利用工程;在奥运场馆的建设中将采纳雨水利用技术;北京市水利局和德国埃森大学的示范小区雨水利用合作项目也于2000年正式启动。

因此,城市雨水利用具有广阔的发展空间,随着水的管理体制和水价的科学化、市场化,随着城市化水平和对城市生态环境要求的提高,我国城市雨水利用技术也将实现标准化和产业化。

1.1 城市雨水利用技术体系

城市雨水利用是一种多目标的综合性技术。目前应用范围有：分散住宅的雨水收集利用中水系统；建筑群或小区集中式雨水收集利用中水系统；分散式雨水渗透系统；集中式雨水渗透系统；绿色屋顶花园雨水利用系统；生态小区雨水综合利用系统（绿色屋顶、收集利用、渗透、水景）等。可概括为雨水集蓄利用和雨水渗透两大类：

1. 雨水集蓄利用

(1) 屋面雨水集蓄利用系统：

雨水集蓄利用系统主要用于家庭、公共和工业等方面的非饮用水，如浇灌、冲厕、洗衣、冷却循环等中水系统。利用屋顶做集雨面，屋顶材料以瓦质屋面和水泥混凝土预制块屋面为主。

雨水集蓄利用系统可以设置为单体建筑物的分散式系统，也可在建筑群或小区中集中设置。由雨水汇集区、输水管系、截污装置、储存（地下水池或水箱）、净化系统（如过滤、消毒等）和配水系统等几部分组成。有时也设渗透设施，与贮水池溢流管相连，当集雨量较多或降雨频繁时，部分雨水溢流渗透。图 1-1-1 是德国城市家庭典型雨水集蓄利用系统示意。该系统可产生多种效益，如节约饮用水，减轻城市排水和处理系统的负荷，改善生态环境等。

屋面雨水集蓄利用技术在德国得到较广泛的应用和公众的支持。一些专业公司开发出许多成套设备和产品。

雨水集蓄利用系统除了用于家庭非饮用水以外，还可用于公用事业或工业项目。Ludwigshafen 已经运行 10 年的公共汽车洗车工程利用 $1000m^2$ 屋面雨水作为冲洗水源，除紧急情况外，几乎所有的水源均是雨水。法兰克福 Possmann 苹果榨汁厂将屋面花园雨水作为冷却循环水源，都是工业项目雨水利用的成功范例。

(2) 绿色屋顶雨水利用系统：

绿色屋顶雨水利用系统是一种削减城市暴雨径流量、控制非点源污染、减轻城市热岛效应、调节建筑物温度和美化城市环境的新技术，也可作为雨水集蓄利用的预处理措施。即可用于平屋顶，也可用于坡屋顶。

绿色屋顶的关键是植物和上层土壤的选择。植物应根据当地气候和自然条件来确定，还应与土壤类型、厚度相适应。上层土壤应选择孔隙率高、密度小、耐冲刷、可供植物生长的洁净天然或人工材料。在德国最常用的有火山石、沸石、浮石等，选种的植物多为色彩斑斓的各种矮小草本植物，十分宜人。集水管周围填充部分卵（碎）石，绿色屋顶系统可使屋面径流系数减小到 0.3，有效地削减雨水径流量，并改善城市环境。该技术在德国和欧洲城市已广泛应用。

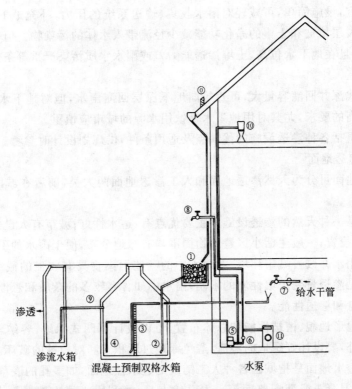

图 1-1-1 德国城市家庭典型雨水集蓄利用系统示意
⓪—格栅；①—粗过滤；②—进水管；③—砖砌过滤墙；④—水泵吸水管；
⑤—水泵；⑥—水表；⑦—应急供水管；⑧—庭院浇洒水龙头；
⑨—溢流；⑩—厕所；⑪—洗衣机

2. 雨水渗透

雨水渗透设施的种类很多,渗透技术可分为分散渗透和集中回灌两大类:

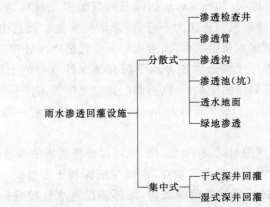

分散式渗透可应用于城区、生活小区、公园、道路和厂区等各种情况下,规模大

小因地制宜,设施简单,可减轻对雨水收集、输送系统的压力,补充地下水,还可以充分利用表层植被和土壤的净化功能减少径流带入水体的污染物。但一般渗透速率较慢,而且在地下水位高、土壤渗透能力差或雨水水质污染严重等条件下应用受到限制。

集中式深井回灌容量大,可直接向地下深层回灌雨水,但对地下水位、雨水水质应有更高的要求,尤其对用地下水做饮用水源的城市应慎重。

以下概括各种渗透设施的优缺点及适用条件,供规划设计时参考。

(1) 渗透地面:

渗透地面可分为天然渗透地面和人工渗透地面两大类,前者在城区以绿地为主。

绿地是一种天然的渗透设施。主要优点有:透水性好;城市有大量的绿地可以利用,节省投资;一般生活小区建筑物周围均有绿地分布,便于雨水的引入利用;可减少绿化用水并改善城市环境;对雨水中的一些污染物具有较强的截纳和净化作用。缺点是渗透量受土壤性质的限制,雨水中如含有较多的杂质和悬浮物,会影响绿地的质量和渗透性能。

根据地形地貌、植被性能和总体布置,可以设计下凹式绿地,容纳较多的雨水下渗。此外,要设计好绿地的溢流,避免绿地过度积水和对植被的破坏。

人造透水地面是指城区各种人工铺设的透水性地面,如多孔的嵌草砖、碎石地面,透水性混凝土或沥青路面等。主要优点是,能利用表层土壤对雨水的净化能力,对预处理要求相对较低;技术简单,便于管理;城区有大量的地面,如停车场、步行道、广场等可以利用。缺点是,渗透能力受土质限制,需要较大的透水面积,对雨水径流量无调蓄能力。在条件允许的情况下,应尽可能多采用透水性地面。

(2) 渗透管沟:

雨水通过埋设于地下的多孔管材向四周土壤层渗透,因此,其主要优点是占地面积少,管材四周填充粒径 20~30mm 的碎石或其他多孔材料,有较好的调储能力。缺点是一旦发生堵塞或渗透能力下降,很难清洗恢复。而且由于不能利用表层土壤的净化功能,雨水水质要有保证,否则必须经过适当预处理,不含悬浮固体。在用地紧张的城区,表层土渗透性很差而下层有透水性良好的土层、旧排水管系的改造利用、水质较好的屋面雨水、道路两侧的狭窄地带等条件下比较适用。一般要求土壤的渗透系数 K_f 明显大于 10^{-6} m/s,距地下水位要有一定厚度的保护土层。

渗透沟可以以敞开的形式设于地表面,也可以设带盖板的渗透暗渠,在一定程度上弥补了地下渗透管不便管理的缺点,也减少挖深和土方量。可采用多孔材料制作 U 型沟渠,也可做成自然的植物浅沟,底部铺设透水性较好的碎石层。特别适于公路两边和沿道路、广场或建筑物四周设置。

(3) 渗透井：

渗透井包括深井和浅井两类，前者适用水量大而集中，水质好的情况，如城市水库的泄洪利用。城区一般宜采用后者。其形式类似于普通的检查井，但井壁做成透水的，在井底和四周铺设 $\Phi 10\sim 30$ 的碎石，雨水通过井壁、井底向四周渗透。

渗透井的主要优点是占地面积和所需地下空间小；便于集中控制管理。缺点是净化能力低，水质要求高，不能含过多的悬浮固体，需要考虑预处理。适用于拥挤的城区或地面、地下可利用空间小的场合，也适用于表层土壤渗透性能差，下层土壤透水性好的情况。

(4) 渗透池（塘）：

渗透池的最大优点是：渗透面积大，能提供较大的渗水和储水容量；净化能力强；对水质和预处理要求低；管理方便；具有渗透、调节、净化、改善景观等多重功能。缺点是占地面积大，在拥挤的城区应用受到限制；设计管理不当会造成水质恶化，蚊蝇孳生和池底部的堵塞，渗透能力下降；在干燥缺水地区，蒸发损失大，需要兼顾各种功能作好水量平衡。适用于汇水面积较大（>1ha，1ha=10000m²）、有足够的可利用地面的情况。特别适合在城郊新开发区或新建生态小区里应用。结合小区的总体规划，可达到改善小区生态环境，提供水的景观、小区水的开源节流、降低雨水管系负荷与造价等一举多得的目的。

(5) 综合渗透设施：

应用中可根据具体条件将各种渗透装置进行组合。例如在一个小区内可将渗透地面、绿地、渗透池、渗透井和渗透管等组合成一个渗透系统。其优点是可以根据现场条件的多变选用适宜的渗透装置，取长补短，效果显著。如渗透地面和绿地可截留净化部分杂质，超出其渗透能力的雨水进入渗透池（塘），起到渗透、调节和一定净化作用，渗透池的溢流雨水再通过渗井和滤管下渗，可以提高系统效率并保证安全运行。缺点是装置间可能相互影响，如水力计算和高程要求；占地面积较大。

图 1-1-2 是一种典型小区雨水渗

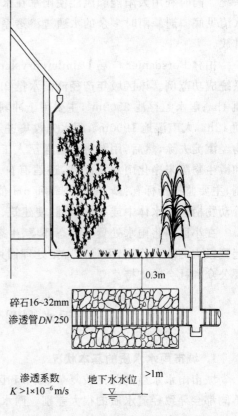

图 1-1-2 典型的小区雨水渗透系统

透系统。来自屋顶和小区路面的径流雨水首先进入绿地,雨水经绿地去除部分 SS 和其他污染物后再进入渗井和渗透管。

3. 雨水综合利用系统

生态小区雨水利用系统是 20 世纪 90 年代开始在德国兴起的一种综合性雨水利用技术。此技术利用生态学、工程学、经济学原理,通过设计的人工净化和自然净化,将雨水利用与景观设计相结合,从而实现环境、经济、社会效益的和谐与统一。具体做法和规模依据小区特点而不同,一般包括绿色屋顶、水景、渗透、雨水回用等。有些小区还建造出集太阳能、风能和雨水利用水景于一体的花园式生态建筑。

建于 1992 年的柏林市 Berliner 大街 88 号小区雨水收集利用工程,将 160 栋建筑物的屋顶雨水通过收集系统进入 3 个容积为 $650m^3$ 的贮水池中,主要用于浇灌。溢流雨水和绿地、步行道汇集的雨水进入一个仿自然水道,水道用砂和碎石铺设,并种有多种植物。之后进入一个面积为 $1000m^2$、容积为 $1500m^3$ 的水塘(最大深度 3m)。水塘中以芦苇为主的多种水生植物,形成植物鱼类等生物共存的生态系统。同时利用太阳能和风能使雨水在水道和水塘间循环,连续净化,保持水塘内水清见底。遇暴雨时多余的水通过渗透系统回灌地下,整个小区基本实现雨水零排放。

柏林 Potsdamer 广场 Daimlerchrysler 区域城市水体工程设计也是雨水生态系统成功范例。该区域年产径流雨水量 2.3 万 m^3。采取的主要措施:建有绿色屋顶 4ha;雨水贮存池 $3500m^3$,主要用于冲厕和浇灌绿地(包括屋顶花园);建有人工湖 12ha,人工湿地 $1900m^2$,雨水先收集进入贮存池,在贮存池中,较大颗粒的污染物经沉淀去除,然后,用泵将水输送至人工湿地和人工水体。通过基层、水生植物和微生物等来净化雨水。此外,还建有自动控制系统,对水质进行连续监测和控制,主要监控指标有:磷、氮、碳、氧和 pH 值。该系统中水不断循环,鸭子、水鸟、鱼等动物栖息在水体中或水体周围,使建筑、生物、水等元素达到自然的和谐与统一。

在小区内将雨水处置与生态环境、生态用水结合起来,对城市居住小区的环境起到极大的改善作用,而且比直接处理回用费用低。这种新的理念和建筑形式需要公众和社会的支持。

1.2 雨水利用系统水质控制

1. 城市雨水水质的基本状况

城市雨水水质情况比较复杂,城市和区域的不同、汇水面、季节、降雨特征等的不同都会导致径流水质的很大差别。雨水径流污染主要表现在以下几个方面。

首先是由于大气的污染,直接由降水带来的污染物。这取决各城市的空气状况,也可能由大气的迁移,从外域带入。从北京城区降雨水质分析结果看,天然雨水中含有一些污染成分,如 SS、COD、硫化物、氮氧化物等,但浓度相对较低(由沙尘引起的特殊泥雨现象除外)。

其次是屋面。屋面雨水径流的水质主要取决于非降雨期空气中的沉降物和屋面材料。后者对屋面径流水质有非常明显的影响。尤其是沥青油毡类材料污染比较严重,比水泥砖、瓦屋顶的污染量高许多倍。材料老化和夏季的高温曝晒,径流中的污染物浓度都会有显著的升高,色度大,主要为溶解性 COD,多集中在初期径流中,浓度为数百甚至数千毫克/升,取决于降雨量、气温、降雨间隔时间、屋面材料品质等,降雨后期的浓度可稳定在 100mg/L 以内。

路面雨水径流水质和影响因素最为复杂。大气、屋面污染物都会汇入到路面,加上路面本身各种污染因素,如路面材料、汽车排泄物、生活垃圾、裸露或植被地带冲出的泥沙等。其成分复杂,随机性很大。但也有一定的规律:如污染物主要集中在初期径流中,浓度受降雨间隔时间,雨量与雨强,路面状况等因素影响,在降雨过程中,浓度逐渐下降,趋于稳定。主要污染成分有 COD、SS、油类、表面活性剂、重金属及其他无机盐类。COD、SS 均可能高达数千毫克/升。

2. 雨水水质控制

无论是从雨水的渗透与利用还是从城市水污染控制的角度,都必须重视对城市雨水污染的研究与控制。源头控制是最有效和最经济的方法。

(1) 控制城市大气污染。

我国不少城市目前的空气状况很差,导致雨水水质的下降。这不仅对渗透设施的利用会有影响,而且由于降水直接进入地面和地下水源,也会影响当地水环境质量。

因此,控制城市大气污染不仅能改善城市的空气质量,美化城市环境,也能对水污染控制有所贡献。北京近几年对城市大气污染控制力度很大,已经取得显著的效果。

(2) 屋面雨水水质的控制。

重视屋顶的设计及材料选择是控制屋面雨水径流水质的有效手段。屋顶有平顶和坡顶两大类。平顶屋面的防水材料主要有水泥砖和各种沥青油毡,坡屋顶多用瓦材或金属材料等。

应该对油毡类屋面材料的使用加以限制,逐步淘汰污染严重的品种。对旧屋顶可以用污染少的材料如表面带膜的改性油毡更换。近 20、30 年来,许多城市建成的大量房屋采用平顶屋面,其中沥青油毡类占的比例很大,不仅污染水质,而且房顶的视觉效果很差,严重影响市容,还有老化、漏水、保温抗寒效果差等问题。一些城市已经或正在有计划地对这类屋顶进行改造,不仅美化了市容,改善了顶层居民的居住条件,也兼而减少了屋面雨水的污染源。

可以采用初期雨水弃流装置,舍弃污染较重的初期径流,保护后续渗透设施和收集利用系统的正常运行。合理确定并分离初期径流水量和有效地对随机的降雨进行控制是这种装置的技术关键,北京建筑工程学院研制的"分流式雨水弃流自动控制装置"(专利)可高效率地对初期雨水实施自动控制。

还可以利用建筑物四周的一些花坛和绿地来接纳、净化屋面雨水,既美化环境,又净化了雨水。屋面雨水经初期弃流装置后再进入花坛,能达到很好的净化效果。在满足植物正常生长要求的前提下,尽可能选用渗滤速率和吸附净化污染物能力较大的土壤填料。一般厚1m左右的表层土壤渗透层有很强的净化能力,但必须控制雨水中的悬浮物,防止渗滤设施的堵塞。

3. 路面雨水水质控制

路面径流水质复杂,比屋面雨水更难以收集控制。

(1) 改善路面污染状况。

这是控制路面雨水污染源的最有效方法。包括相关的政策、法规、管理及技术等各种措施。如合理地规划与设计城市用地,减少城区土壤的侵蚀,加强对建筑工地的管理,加大对市民的宣传与教育力度,配合严格的法规和管理,最大限度地减少城市地面垃圾与污染物,保持市区地面的清洁等。

这方面,我国许多城市还存在不少问题,城区地面污染严重,垃圾、裸露地面的泥沙侵蚀、施工工地等都是比较突出的污染源。把雨水口和雨水井当作垃圾筒,随意倾倒污水和垃圾现象也非常普遍,雨季严重地污染水体并影响下水道的正常运行,造成路面积水。

(2) 路面雨水截污装置。

为了控制路面带来的树叶、垃圾、油类和悬浮固体等污染物,可以在雨水口和雨水井设置截污挂篮和专用编织袋等,或设计专门的浮渣隔离、沉淀或初期雨水分离等截污井。这些设施需要定期清理。

也可设计绿地缓冲带来截留净化路面径流污染物,但必须考虑对地下水的潜在威胁,限用于污染较轻的径流,如生活小区、公园的路面雨水。

(3) 净化与处理技术。

除了上述源头控制措施外,还可以在径流的输送途中或终端、合流管系溢流口采用雨水滞留沉淀、过滤、吸附、稳定塘及人工湿地等处理技术。需要注意雨水的水质特性,如颗粒分布与沉淀性能、水质与流量的变化、污染物种类和含量等。我国对城市雨水水质特性和相应的处理技术的研究尚处于初级阶段,没有相应的技术规范和要求。随着城市雨水利用技术的推广和城市非点源污染控制的开展,雨水的净化处理也将受到越来越多的重视。

1.3 城市雨水利用系统方案选择与工程应用

城市雨水利用是一项涉及多学科的、复杂的系统工程,在选择雨水利用系统方案时,要特别注意地域间及现场各种条件的差异。在一个城市,由于不同项目各种因素和条件的不同,都应能决定采用完全不同的方案。

例如,德国目前采用的屋面雨水收集利用系统和标准就不太适用于北京。第一,虽然有接近的年均降雨量(600 mm左右),但德国的降雨在一年中分配均匀,少暴雨,其储存容器较小。而北京的降雨多以暴雨形式集中在6～9月份,导致储存容积过大,而整个系统的设备在一年中的大部分时间里闲置,代价太高。第二,德国的屋面雨水经过截污装置和简单的过滤就能满足杂用水的要求。北京的屋面雨水水质用这种系统则难以达到回用标准。

规划设计时,要根据当地的气候及降雨、水文地质、水环境、水资源、雨水水质、建筑、园林道路、地形地貌、高程、水景、地下构筑物和总体规划等各种条件,充分考虑收集利用和各种渗透设施的优缺点及适用条件,通过水量平衡、水力计算和技术经济分析来确定最佳方案,还必须做好各专业的协调。要强调系统观点,兼顾经济效益和社会效益,考虑城市和小区环境、生态和美学、人和自然的统一和谐,力求最佳效果。

参考文献

1. 车武,汪慧贞,刘红,孟光辉. 北京城区屋面雨水污染及利用研究[J]. 中国给水排水,2001,17(6):57-61
2. Che Wu, etc. The Quality and Major Influencing Factors of Runoff in Beijing's Urban Area. 10th international Conference on Rainwater Catchment Systems. Fakt and IRCSA/Europe. Mannheim(Germany),2001:13-16
3. 车武,刘红,孟光辉等. 屋面雨水土壤层渗透净化研究. 给水排水,2001,27(9):38-41
4. 李俊奇,车武,孟光辉、汪宏玲. 城市雨水利用方案设计与技术经济分析. 给水排水,2001,27(12):25-28
5. 车武,汪慧贞,刘红,孟光辉. 城市雨水渗透方案选择与水质控制[M]. 陕西:陕西人民教育出版社,2001. 108-113
6. Klaus W. König. The Rainwater Technology Handbook -Rain Harvesting in Building. Dortmund(Germany):Wilo-Brain,2001,15-103
7. Internationale Regenwassertage 2001 in Mannheim. Regenwassernutzungund-bewirtschaftung im internationalen Kontext. Darmstadt(Germany):fbr,

2001,9-407
8. 车武,刘红,孟光辉.雨水利用与城市环境[J].北京节能,1999,3:13—14
9. 车武,刘红,孟光辉等.对城市雨水地下回灌的分析[J].城市环境与城市生态,2001,14(4):28-30
10. Hinrich Hartung. Rainwater Utilization Progress. The Rainwater Technology Handbook - Rain Harvesting in Building. Dortmund(Germany):Wilo-Brain,2001,100-102
11. 车武,李俊奇.从第十届国际雨水利用大会看国内外城市雨水利用的现状与趋势[J].给水排水,2002,28(2)
12. 车武,李俊奇等.生态住宅小区雨水利用与水景观系统-案例分析.城市环境与城市生态,2002,15(5):34-36

车武　李俊奇　　北京建筑工程学院
刘红　孟光辉　　北京市城市节约用水办公室

2 城市下凹式绿地

北京市水资源严重短缺,遇暴雨时又造成洪涝灾害;而水质污染,使一些河渠成了臭水沟,同时,河湖淤积严重,空气也严重污染。目前,北京市正采取各种治理措施,如:河湖清淤、整治;污水截流;城市绿化;改善燃料结构;治理汽车尾气等。这些治理措施,有些是相互关联的,例如城市绿化是很重要的,可许多单位使用自来水浇灌绿地,势必加重水资源的紧张。因此,怎样针对北京市的具体情况,采取一些投入少又能使环境在总体上得到改善的措施,是北京市当前急需解决的问题。"北京市在城市建设中增加雨水蓄渗措施的研究",针对北京市气象、水文及水文地质、土壤等条件下进行了三年的跟踪、研究、分析,认为城市建设中采用下凹式绿地是一种不增加建筑投入而又可收到良好效果的雨洪利用措施。具体做法是:在新开发区或旧城改造区,设计和建造时调整合理的路面高程、绿地高程、雨水口坎高程的关系,使路面高程高于绿地高程,雨水口设在绿地内,而且雨水口坎高程高于绿地高程而低于路面高程,这样就形成了下凹式绿地,降雨后的雨水径流都进入绿地,经绿地蓄渗后,多余的雨水径流才从雨水口流走。对于已建成区,因是按传统方法设计的,往往是路面高程低于绿地高程,道路兼做排水通道,雨水口设在路边上,要想在已建成区按新开发区的做法改造庭院,困难很大,投入较大,不太现实。所以,在已建成区采用围埝将绿地围起来,适当降低绿地高程,把周围地面径流尽可能的引入绿地,经绿地蓄渗后溢出排走。采用下凹式绿地,有以下几方面的好处:

(1) 减低城市的洪涝灾害,增加土壤水入渗量和地下水资源量,减少绿地的灌溉用水量。按照城市的传统做法,城市化后,不透水面积不断增加,地表径流成倍甚至几倍增长,汇流速度加快,下游洪峰、洪量也成倍甚至几倍的增长,峰显时间提前,造成雨水管网和河渠的排洪能力不足,出现洪涝灾害。北京市河渠下游的排泄能力低,而且下游地区也在城市化的进程中,一旦遭遇洪水将造成巨大损失。由于下凹式绿地把大量的地表径流蓄渗于绿地内,其形成的洪峰、洪量都将大大减小,例如,北京市区约 2/3 为不透水的铺张区,1/3 为绿地地区,若建成下凹式绿地,下凹深度为 10cm,则一年一遇的暴雨径流可 100% 的拦蓄在绿地内,对两年一遇的暴雨也可拦蓄 81%。另一方面,由于下凹式绿地蓄渗大量的地表径流,随即可转变成土壤水和地下水,增加了土壤水和地下水资源量。由于土壤水的增加,相应绿地的灌水量就可减少。

（2）减污、减淤、增肥，即减少河湖的水质污染，减少河湖的淤积量，增加绿地的土壤肥力。城市河湖的污染源之一是城市的污水直接排入河湖，污染河湖水体，这又叫点源污染。目前，北京市正在采取截污工程，免除污水直接排入水体。另一个污染源为城市的地表径流，又称为面污染源。美国的水污染治理经验表明，光治理点源污染不治理面源污染，还是不能解决城市河湖的水体污染问题。因为，城市空气受到污染，通过雨水的淋洗作用把空气中一些污染物带到地表，地表水在城市地表的流动过程中又把城市地表的各种污染物通过冲洗作用带入河湖水体。进入城市河湖的地表径流污染浓度是相当高的。据美国的观测资料，总固体浓度平均达 630mg/L，有机物污染浓度 BOD_5 值达 30mg/L（与污水处理厂二级处理的出水浓度相当）。固体污染物将大量沉积在城市的河湖中，有机污染物将在河湖中进行耗氧和厌氧作用，产生污泥，这些污泥使水体发黑发臭，影响水环境景观和水生态环境。河湖的淤积还减低了河湖的调蓄洪水的能力和河渠的排泄能力。采用下凹式绿地后，下凹式绿地本身就是一个沉砂池和污水的土地处理系统，固体污染物绝大部分沉积在绿地内，有机污染物在绿地内得到净化。有机污染物经土壤微生物的作用，转变成植物的营养物质，增加了绿地的土壤肥力，使绿地的植物生长更茂盛。

（3）雨水口设在路内的边沟处，雨水箅常被人盗走，形成一个人为的陷阱，伤人事故时有发生。若建下凹式绿地，雨水口设在绿地内，不承受行车的荷载，与行人行车走路无关，设置一个简易的雨水口箅子即可，不会发生雨水口箅子被盗和伤人事故的发生。

园林部门担心下凹式绿地会把绿地中的草、花卉、树淹死。研究表明北京市由于大量开采地下水，使地下水位下降，已降得很低；北京市地处永定河的冲击扇，土壤较粗，透水性能较好，下凹式绿地拦蓄的雨水很快渗完。我们测得的稳渗率为 0.5～2.3mm/min，其他单位和学者观测和研究的稳渗率都在 0.35mm/min 以上。若下凹式绿地深为 15cm，稳定下渗率按 0.3mm/min 计算，15cm 的水层只要八个多小时就可渗完。一般植物耐淹时间为 1～3d。所以，下凹式绿地中的植物不会被淹死。我们的小型试验场中的黑麦草，试验中淹没水层达 15cm，没有发现草被淹死的现象；相反，大量灌水后，生长更好。现在北京市一些地方无意识的形成一些下凹式绿地，下雨后积水也很深，也未发现绿地植物被淹死的情况，相反，由于下凹式绿地土壤水分好，各种植物长势更好。纵然有少数植物耐水性特差，也可以通过适当配置植物品种得到解决，不能"因噎废食"。

总之，下凹式绿地具有减少城市的洪涝灾害，增加土壤水入渗量和地下水资源量，节约绿地灌溉用水量，还能减少河湖的水质污染，减少河湖的淤积量，增加绿地的土壤肥力等优点；建议各建设单位大力采用此种形式的绿地。

周纪明　叶水根　中国农业大学水与土木工程学院

3 典型年份下凹式绿地雨水蓄渗效果分析

北京市水资源严重短缺,遇暴雨时又造成洪涝灾害;而水质污染,使一些河渠成了臭水沟;水土流失使河湖淤积严重。针对北京市的降雨特点,在城市建设中采用下凹式绿地是一种不增加建筑投入而又可收到良好效果的雨洪利用措施,它具有蓄渗雨水、削减洪峰流量、过滤水质、美化环境、防止水土流失等优点。具体做法是:在新开发区或旧城改造区,设计建造时调整好路面高程、绿地高程、雨水口高程的关系,使路面高程高于绿地高程,雨水口设在绿地内,雨水口高程高于绿地高程而低于路面高程,这样就形成了下凹式绿地,降雨后汇水的雨水径流都进入绿地,经绿地蓄渗后,多余的雨水径流才从雨水口流走。对于已建成区,也可以采用围埝将绿地围起来,适当降低绿地高程,把周围地面径流尽可能引入绿地,经绿地蓄渗后溢出排走。本文采用初损后损模型,分析计算在典型年份条件下下凹式绿地的蓄渗效果。

3.1 绿地初损后损模型

1. 绿地总入流雨深

一次降雨过程中雨量损失的强度随时间变化,总的趋势为降雨初期损失强度大,以后越来越小,直至趋于稳定。为简化计算,下凹式绿地雨水蓄渗分析计算采用初损后损法。

一次降雨在时段 i 内,汇水区流入绿地的雨深为

$$h_{ri} = \begin{cases} p_i - (h_{di} - h_{di-1}) - E_i & p_i > h_{di} - h_{di-1} + E_i \\ 0 & p_i < h_{di} - h_{di-1} + E_i \end{cases}$$

式中 h_{ri}——时段 i 内汇水区流入绿地的雨深,mm;

p_i——时段 i 内的降雨量,mm;

h_{di}——在时段 i 后的填洼深度,mm;

h_{di-1}——在时段 i 前的填洼深度,mm;

E_i——时段 i 内的蒸发量,mm。

在时段 i 后填洼深度为

$$h_{di} = \begin{cases} h_{di-1} + p_i - E_i & h_m > h_{di} \\ h_m & h_m \leqslant h_{di} \end{cases}$$

式中 h_m——最大填洼深度,mm,取决于不透水铺张区的施工水平,一般取 h_m = 3mm;其他符号同上。

汇水区蒸发量计算公式为

$$E_i = \lambda \cdot \beta \cdot E_{wi}$$

式中 λ——20cm 蒸发皿的折减系数,取 0.57;

β——汇水区的蒸发系数,北京地区取 β = 1.3 有较好的拟合效果;

E_{wi}——在时段 i 内水面蒸发量,mm。

由于绿地汇水区的汇流时间较短,近似地把降雨过程中汇水区的净雨量与绿地上的降雨量迭加后作为绿地总入流雨深,且认为入流像降雨一样均匀洒落在绿地上。则在 i 时段内绿地总入流雨深为

$$h_{si} = p_i + h_{ri} \cdot \frac{A}{A_g}$$

式中 h_{si}——在 i 时段内绿地总入流雨深,mm;

A——汇水区面积,m^2;

A_g——绿地面积,m^2;其他符号同上。

2. 绿地初损量、积水深度与溢流量

降雨使绿地土壤一定深度内的含水量达到饱和需要的水量,即为初损量。绿地总入流雨深扣除初损量和稳渗量(即后损量)得到净雨深,即绿地上的积水深度。当积水深度超过绿地下凹深度时就产生溢流。

绿地土壤含水量变化过程由下式计算

$$\theta_i = \begin{cases} \left(\theta_{i-1} + p_i + h_{ri} \cdot \frac{A}{A_g}\right) \cdot k^{t_i} & \theta_i < \theta_m \\ \theta_m & \theta_i \geqslant \theta_m \end{cases}$$

式中 θ_{i-1}——时段 i 前绿地土壤的含水量,mm;

θ_i——时段 i 末绿地土壤的含水量,mm;

k——土壤含水量衰减系数,$k = 1 - E_w/\theta_m$,E_w 为日水面蒸发量;

t_i——时段 i 的时间长度,h;

θ_m——绿地土壤饱和(或最大)含水量,mm,城市绿地根系深度约为 1m,降雨初期城区绿地土壤蓄水量计算时采用 θ_m = 121.2mm。

典型年份雨水蓄渗计算时,由年初旱期假定某一较低土壤含水量开始推算雨前土壤含水量。

时段 i 内绿地初损量为 $h_{0i} = \begin{cases} h_{si} & \theta_i < \theta_m \\ \theta_i - \theta_{i-1} & \theta_i = \theta_m \end{cases}$

时段 i 内绿地稳渗量为 $h_{ci} = \begin{cases} t_i \cdot \mu_c \cdot 60 & h_i = h_m \\ h_{i-1} - h_i + q_i - h_{0i} & h_i < h_m \end{cases}$

式中 h_{ci}——时段 i 内的稳渗量,mm;

μ_c——绿地的稳渗率,mm/min,计算时分别取 $\mu_c=0.1$、0.2、0.3 和 0.4 mm/min;

h_i——绿地在时段 i 末的积水深度,mm;

h_{i-1}——绿地在时段 i 前的积水深度,mm;

h_m——绿地下凹深度,mm;其他符号同上。

时段 i 末绿地积水深度 h_i 为

$$h_i = \begin{cases} h_{i-1}+q_i-h_{0i}-t_i \cdot \mu_c \cdot 60 & 0<h_i<h_m \\ h_m & h_i \geqslant h_m \end{cases}$$

时段 i 内绿地的溢流量 h_y 为

$$h_y = \begin{cases} h_{i-1}+q_i-h_{0i}-h_m-t_i \cdot \mu_c \cdot 60 & h_i=h_m \\ 0 & h_i<h_m \end{cases}$$

3.2 蓄渗效果分析

1. 计算结果

采用北京市通惠河、建国门、乐家花园观测站实测降雨、蒸发资料,代表北京城区的降雨、蒸发情况。根据北京地区降雨量的统计资料,选择 1981 年、1983 年、1979 年 3 年,分别代表枯水年、平水年和丰水年,其年降雨量分别为 451.9mm、506.0mm 和 849.6mm,平均年降雨量 602.5mm,各典型年份降雨特征值见表 1-3-1。

各典型年份降雨特征值　　　　表 1-3-1

典型年份	年降雨量(mm)	日最大降雨量(mm)	日次大降雨量(mm)	最大降雨强度(mm/h)	次大降雨强度(mm/h)
丰水年	849.6	112.0	97.6	43.9	34.8
平水年	506.0	106.2	52.1	48.0	41.2
枯水年	451.9	102.4	82.1	55.5	41.7

根据上述绿地初损后损模型,按不同典型年份、不同稳渗率大小分别从 1 月 1 日开始至 12 月 31 日,计算每一场降雨的初损量、稳渗量和溢流量,最后作累加计算。

计算结果(表 1-3-2)表明:枯水年稳渗率为 0.3mm/min 时(北京城区极大部分地区的稳渗率)。在单独绿地、无下凹时,全年无溢流;当有一倍汇水面积时,无下凹时有 130.4mm 的溢流,下凹 50mm 时,溢流量为 27.32mm,下凹 100mm 时,无溢流。

各典型年份绿地溢流量计算成果统计表($\mu_c=0.3$)(mm)　　　表 1-3-2

下凹深度(mm)	项目	汇水面积与绿地面积比 A/A_g					
		0	1	2	3	4	5
0	枯水年	0.00	130.40	306.04	493.14	712.69	958.21
	平水年	2.40	155.63	326.92	536.08	764.78	1008.30
	丰水年	40.37	293.03	664.81	1075.73	1518.39	1998.68
50	枯水年	0.00	27.32	175.86	307.78	451.01	662.63
	平水年	0.00	56.53	181.04	320.67	509.29	717.77
	丰水年	0.00	55.66	276.02	548.9	888.5	1289.07
100	枯水年	0.00	0.00	75.86	207.78	340.95	514.74
	平水年	0.00	6.53	109.50	204.56	330.55	511.33
	丰水年	0.00	0.00	103.25	323.14	572.37	849.15
150	枯水年	0.00	0.00	1.47	107.78	240.95	414.74
	平水年	0.00	0.00	59.50	147.21	237.38	369.70
	丰水年	0.00	0.00	8.70	167.14	372.37	621.59
绿地总流入水深		453.10	775.86	1098.61	1421.37	1744.13	2066.88

平水年单独绿地、无下凹时,有 2.4mm 的溢流量,大部分雨水消耗于初损和稳渗之中;当有一倍汇水面积时,绿地无下凹、下凹 50mm、100mm,分别有 155.6mm、56.5mm、6.5mm 的溢流量;当有 2 倍汇水面积时,绿地无下凹、下凹 50mm、100mm、150mm,分别有 326.9mm、181.0mm、109.5mm、59.5mm 的溢流量。

丰水年单独绿地、无下凹时,有 40.4mm 的溢流量;当有一倍汇水面积时,绿地无下凹、下凹 50mm、100mm,分别有 293.0mm、55.7mm、0.0mm 的溢流量;当有 2 倍汇水面积时,绿地无下凹、下凹 50mm、100mm、150mm,分别有 664.8mm、276.0mm、103.3mm、8.7mm 的溢流量。

各典型年份随着下凹深度的增加溢流量逐渐减少,直到零为止,与无下凹相比绿地下凹 50mm、100mm 时,溢流量减少幅度最大。

2. 蓄渗效果

根据各典型年份的计算结果,取平均值得到多年平均条件下的初损量、稳渗量和溢流量,则多年平均拦蓄率 η 为

$$\eta=\frac{h_0+h_c}{h_0+h_c+h_y}\times100\%$$

计算结果(表 1-3-3)表明:在单独绿地、无下凹条件下,多年平均拦蓄率达 97.63%;在二倍汇水面积比条件下,无下凹、下凹 50mm、100mm、150mm 时,多年平均拦蓄率分别达到 71.72%、86.21%、93.71% 和 98.48%;在多倍汇水面积比条

件下也有较好的拦蓄效果。按北京市规划市区面积 1040km², 假定城市绿化率按 33.3% 全部做成下凹式绿地, 则汇水面积比相当于 2, 稳渗率 μ_c 按 0.3mm/min 计算, 下凹 50mm 时, 则将增加雨水入渗量 0.8 亿 m³, 下凹 100mm 时, 则将增加雨水入渗量 1.2 亿 m³。

多年平均拦蓄率($\mu_c=0.3$)(%) 表 1-3-3

下凹深度(mm)	汇水面积与绿地面积比 A/A_g					
	0	1	2	3	4	5
0	97.63	81.90	71.72	64.79	59.35	54.73
50	100.00	95.64	86.21	80.31	74.91	69.52
100	100.00	99.80	93.71	87.70	83.12	78.59
150	100.00	100.00	98.48	92.94	88.46	83.95
200	100.00	100.00	99.79	96.82	92.38	88.18
250	100.00	100.00	100.00	99.21	95.65	91.39

3.3 结 论

典型年份绿地雨水蓄渗计算表明:

(1) 对于下凹式绿地(下凹 50~100mm)每年仅有 2~3 次暴雨产生溢流, 极大部分雨水径流多被蓄渗在绿地中。

(2) 绿地下凹 50~100mm, 即具有很好的蓄渗效果。

(3) 多年平均条件下, 在二倍汇水面积比条件下, 绿地无下凹、下凹 50mm、100mm、150mm 时, 多年平均拦蓄率分别达到 71.72%、86.21%、93.71% 和 98.48%; 在多倍汇水面积比条件下也有较好的拦蓄效果。

(4) 按北京市现有的规划面积和绿化率计算, 绿地下凹 50mm 可增加 0.77 亿 m³, 下凹 100mm 可增加 1.2 亿 m³。下凹式绿地在典型年份条件下的雨水蓄渗效果极为明显, 因此, 北京城市雨洪利用还大有潜力可挖。

参考文献

1. 叶水根等. 设计暴雨条件下下凹式绿地雨水蓄渗效果分析. 中国农业大学学报, 2001, 6(6):53~58
2. 任树梅, 周纪明, 刘宏等. 利用下凹式绿地增加雨水蓄渗效果的分析与计算. 中国农业大学学报, 2000, 5(2):50~54
3. 徐向阳. 平原城市雨洪过程模拟. 水利学报, 1998(8):34~36
4. 朱元甡, 金光炎. 城市水文学. 北京:中国科学技术出版社, 1991.134~143

叶水根　　中国农业大学

4 设计暴雨条件下下凹式绿地雨水蓄渗效果分析

  北京城址位于永定河冲积扇的脊部,一是所受的外洪威胁小;二是便于城区雨水的排除,同时,城区有不少的湖泊,便于调洪蓄水、兴建园林工程。建城时,修建城墙和护城河,使整个城区具有防御、防洪、排水、蓄水、漕运入城等多种功能,是我们祖先在城市建设上的一个杰作。但是,由于北京市的城市化进程很快,城区面积不断扩大,1949年时的城区面积为$109km^2$,到了1995年时城区面积达$600km^2$,从而引起了水资源紧张、水环境恶化和内洪威胁加大的三大严重问题。

  由于城市化的发展,城市人口增加,用水量增大,不透水面积扩大,地下水补给量减少,地下水严重超采。据估计目前北京市地下水超采量累计达40亿m^3,形成了$2000km^2$的超采区、1000多km^2的地下水漏斗区,古时的玉泉山、万泉河不见了,地下水水位不断下降,有些地区地下水处于疏干状态。为解决北京市的水资源紧张状况,开发利用城市的雨水资源是其中的重要措施之一。

  传统城市雨水设施是把路修得较低,雨水口设在路面上,屋顶径流、路面径流、绿地径流很容易汇集到雨水口进入雨水管道向下游排泄。与普通土壤相比,径流成倍甚至几倍的增加,汇流速度加快,洪峰流量几倍甚至十几倍的增加。要求的雨水管道和河渠的排泄能力非常巨大,目前北京市城区雨水管道的排洪能力只有1~5年一遇的洪水,河渠的排洪能力为20年一遇洪水左右,有的仅达10年一遇。城市受到内洪的威胁加重。若遇暴雨,城区路面积水较深,影响交通,下游低洼区将造成洪水泛滥。这种由城区雨洪引起的洪水灾害,必须采取面上蓄渗,点上调蓄,线上排泄的综合措施,也就是对城市的雨水要加以控制,设法把这种水灾转变为可利用的水资源。

  城市化引起的再一个问题是水质污染,水环境恶化。一是点源污染,城市的工业废水和生活污水直接排入河湖水体产生的污染;二是面源污染,城市的地表径流造成的污染。后一种污染往往被人们所忽视,由于城市的空气、地面受到污染,降水时通过降水的淋洗作用,把污染物带入地表径流,然后城市地表径流在流动过程中,又通过对地表的冲洗作用把地表污染物带入河湖水体,城市地表径流的污染浓度已相当高。面源污染物和未处理的污水排入水体后,造成水体污染,河湖淤积严重,水体发臭,影响城市景观和水生态环境,降低河湖的调洪和排洪能力。所以,城市雨水不仅是水量的控制与利用问题,还有水质污染的问题。

  下凹式绿地就是一种既可以增加地下水的入渗补给量、净化地表径流、减轻面源污染,又能削减洪峰流量、减轻洪涝灾害的好措施。

4.1 典型下凹式绿地的结构

城市的新开发区或旧城的改建区,在进行规划设计时,控制调整好路面高程、绿地高程和雨水口高程,就可形成下凹式绿地,即路面高程高于绿地高程,雨水口设在绿地内,雨水口高程高于绿地高程而低于路面高程。这样设置使道路、建筑物等铺张区上的雨水径流流入绿地,绿地蓄满水后再流入雨水口。本次计算分析把其概化为 10m×15m,雨水口为 0.4m×0.6m 的典型的下凹式绿地作计算,其形式如图 1-4-1 所示。

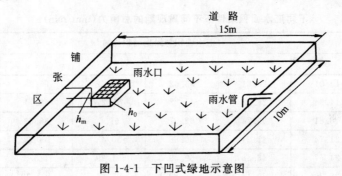

图 1-4-1 下凹式绿地示意图

4.2 设计暴雨过程

一般暴雨过程可用暴雨公式表示,即

$$I=\frac{s}{(t+b)^n}$$

式中 I——时段 t 内的平均暴雨强度,mm/min;

s——雨力,mm/min,北京地区不同重现期 T 的雨力,可用下列公式表示,$s=12.006(1+0.811\lg T)$;

b、n——为地区参数,北京地区可取 $b=8$,$n=0.711$。

因此,时段内的降雨总量为

$$H=I\cdot t=\frac{s\cdot t}{(t+b)^n}$$

则瞬时降雨强度为

$$i=\frac{\mathrm{d}H}{\mathrm{d}t}=\frac{s\cdot[(1-n)t+b]}{(t+b)^{n+1}}$$

考虑到下凹式绿地还有建筑物及铺张区等汇水区产生的径流,汇水区入流过程取决于汇水区的地面状况、形状、坡度等因素,汇水区的集流时间较短,为了简化计算，假定其总的入流过程为降雨过程与汇水区的入流过程的叠加，汇水区的入流量为绿地增加的净雨量，而且汇水区的净雨量计算采用径流系数法计算，则总雨力为

$$S = s \cdot \left(1 + \alpha \cdot \frac{A}{A_g}\right)$$

式中　S——绿地及其他汇水区叠加的总雨力，mm/min；
　　　α——汇水区的径流系数，本次计算可取 0.9；
　　　A——汇水区的总面积，m^2；
　　　A_g——绿地的面积，m^2。

不同重现期的总雨力计算结果见表 1-4-1。

不同汇水面积条件下不同重现期的总雨力（mm/min）　　表 1-4-1

重现期 $T(a)$	汇水面积与绿地面积比 A/A_g					
	0	1	2	3	4	5
1	12.01	22.81	33.62	44.42	55.23	66.03
2	14.94	28.38	41.82	55.27	68.71	82.15
5	18.81	35.74	52.67	69.6	86.53	103.46
10	21.74	41.31	60.88	80.45	100.02	119.59
20	24.67	46.88	69.09	91.29	113.5	135.71
30	26.39	50.14	73.89	97.64	121.39	145.14
40	27.61	52.45	77.29	102.14	126.98	151.83
50	28.55	54.24	79.94	105.63	131.32	157.02
100	31.48	59.81	88.14	116.48	144.81	173.14

4.3　绿地设计净雨量计算

绿地上的雨水以及汇水区汇入的径流在绿地内产生截留和下渗，初期截留和下渗量较大，后期趋于稳定，为简化计算，采用平均稳渗率计算其净雨量。假定平均稳渗率为 μ，如图 1-4-2 所示，产流历时为 t_c，min；则 t_c 满足

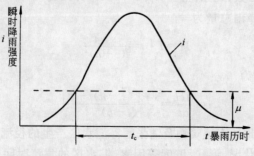

图 1-4-2　降雨过程与入渗过程示意图

$$\mu = \frac{s \cdot [(1-n)t_c + b]}{(t_c+b)^{n+1}}$$

设计暴雨的产流历时及在该时段的总降水量见表 1-4-2。

设计暴雨产流历时及该时段总降水量　　　　　　表 1-4-2

重现期 T(a)	1	2	5	10	20	30	40	50	100
总降雨量 P(mm)	31.22	43.04	60.11	69.44	82.49	93.53	101	109.1	125.4
产流历时 t_c(min)	41.93	54.51	72.13	86.19	100.9	109.7	116.1	121.1	137.1

在设计暴雨条件下,降雨损失强度主要取决于绿地土壤的稳渗率,由于城市绿地土壤一般都为扰动土,不同土壤类型、不同扰动情况,其稳渗率变异性很大,即使是同一地块,不同点的稳渗率也相差很大。本次计算的土壤为砂壤土,根据现场模拟降雨试验及相关文献的资料,取平均稳渗率 μ 为 0.3。故净雨量为

$$h_c = \frac{s \cdot t_c}{(t_c + b)^n} - \mu \cdot t_c$$

计算结果见表 1-4-3。

绿地净雨量(mm)　　　　　　表 1-4-3

重现期 T(a)	汇水面积与绿地面积比 A/A_g					
	0	1	2	3	4	5
1	18.64	46.73	74.83	102.92	131.01	159.11
2	26.68	65.41	104.15	142.88	181.61	220.34
5	38.47	92.57	146.67	200.77	254.87	308.96
10	48.15	114.75	181.35	247.96	314.56	381.16
20	58.41	138.2	218	297.79	377.59	457.38
30	64.66	152.47	240.28	328.09	415.9	503.71
40	69.2	162.82	256.45	350.08	443.71	537.33
50	72.78	170.99	269.2	367.41	465.62	563.83
100	84.22	197.05	309.87	422.7	535.52	648.35

4.4 雨洪计算

绿地上的雨洪流量峰值为暴雨过程和汇水区的入流过程叠加后的峰值,考虑到汇水区入流过程与实际降雨过程有一定的时间差,故绿地的雨洪流量峰值仍按

暴雨公式计算的瞬时降雨强度最大值（降雨和汇水区径流叠加）乘以一个修正系数计算，即

$$Q_m = \beta \cdot \frac{S}{b^n}$$

式中　Q_m——绿地的雨洪流量峰值，mm/min；

　　　β——修正系数，一般取 0.9；其他符号同前。其计算结果见表 1-4-4。

绿地雨洪流量最大峰值（mm/min）　　　表 1-4-4

重现期 $T(a)$	汇水面积与绿地面积比 A/A_g					
	0	1	2	3	4	5
1	2.46	4.68	6.9	9.11	11.33	13.55
2	3.06	5.82	8.58	11.34	14.1	16.86
5	3.86	7.33	10.81	14.28	17.76	21.23
10	4.46	8.48	12.49	16.51	20.52	24.54
20	5.06	9.62	14.18	18.73	23.29	27.84
30	5.41	10.29	15.16	20.03	24.91	29.78
40	5.66	10.76	15.86	20.96	26.06	31.15
50	5.86	11.13	16.4	21.67	26.95	32.22
100	6.46	12.27	18.09	23.9	29.71	35.53

4.5　绿地雨洪调节计算

下凹式绿地构成一小型调节池，绿地地面到雨水口的顶坎深为拦洪部分，雨水口到周边路面的高差为滞洪部分。为简化计算，把进入绿地的雨洪流量过程线 $Q(t)$ 与雨水口下泄雨水流量 $q(t)$ 都化简为三角形法计算，根据相似三角形原理，可导出当 $V_0 < rW$ 时，绿地溢流流量峰值为

$$q_m = \frac{Q_m \cdot \left(1 - \dfrac{V_0 + V_m}{W}\right)}{1 - \sqrt{\dfrac{r \cdot V_0}{(1+r)W}}}$$

当 $V_0 > rW$ 时，绿地溢流流量峰值为

$$q_m = \frac{Q_m \cdot \left(1 - \dfrac{V_0 + V_m}{W}\right)}{1 - \sqrt{\dfrac{(W - V_0)}{(1+r)W}}}$$

式中　W——雨洪总量，mm；

V_0——绿地最大蓄水量,mm,用水深表示即为雨水口与绿地的高程差 h_0,mm;

V_m——调洪量,mm,采用自由出流的矩形堰迭代计算,其最大值用水深表示即为雨水口与路面高程差 h_m,mm;

Q_m——绿地雨洪流量峰值,mm/min;

q_m——雨水口溢流量峰值,mm/min;

r——涨洪历时与雨洪历时的比值,取 0.36;计算结果见表 1-4-5。

绿地溢流峰值(h_0 取 10cm)(mm/min) 表 1-4-5

重现期 $T(a)$	汇水面积与绿地面积比 A/A_g					
	0	1	2	3	4	5
1	0	0	0	1.77	4.02	6.79
2	0	0	1.23	4.74	7.24	9.46
5	0	0	4.8	7.99	10.93	15.44
10	0	2.45	6.74	10.17	15.12	20.21
20	0	4.28	8.49	13.25	19.09	24.64
30	0	5.18	9.47	15.19	21.3	27.13
40	0	5.77	10.15	16.52	22.82	28.86
50	0	5.92	10.68	17.53	23.98	30.19
100	0	7.18	13.18	20.56	27.5	34.22

4.6 拦蓄效果分析

根据计算的绿地净雨量加上降雨历时 t 内的入渗量即为近似总降雨量,而雨洪溢流量为净雨量减去绿地蓄水量,从而得到降雨的拦蓄率

$$\eta_1 \approx \frac{h' + \mu \cdot t_c}{h_c + \mu \cdot t_c} \times 100\%$$

式中 η_1——拦蓄率,%;

h'——当 $h_c < h_0$ 时为 h_c,当 $h_c > h_0$ 时为 h_0。计算结果见表 1-4-6。

绿地拦蓄率(h_0 取 10cm)(%) 表 1-4-6

重现期 $T(a)$	汇水面积与绿地面积比 A/A_g					
	0	1	2	3	4	5
1	100	100	100	97.16	76.33	62.85
2	100	100	96.02	69.99	55.06	45.38
5	100	100	68.18	49.81	39.24	32.37
10	100	87.15	55.14	40.33	31.79	26.24
20	100	72.36	45.87	33.58	26.48	21.86
30	100	65.59	41.62	30.48	24.04	19.85

续表

重现期 $T(a)$	汇水面积与绿地面积比 A/A_g					
	0	1	2	3	4	5
40	100	61.42	38.99	28.56	22.54	18.61
50	100	58.48	37.15	27.22	21.48	17.74
100	100	50.75	32.27	23.66	18.67	15.42

从表 1-4-6 可以看出，在单独下凹式绿地条件下，10 年一遇暴雨其拦蓄率为 100%，100 年一遇暴雨的拦蓄率达 100%；在有一倍汇水面积的情况下，10 年一遇暴雨的拦蓄率为 87.15%，50 年一遇暴雨的拦蓄率为 58.48%，100 年一遇暴雨的拦蓄率达 50.75%；在有多倍汇水面积情况下，其拦蓄率也很高。可见其蓄渗效果极为明显。

4.7 减峰效果分析

根据计算的雨洪峰值和溢流峰值，计算削减洪峰流量百分率，即

$$\eta_2 = \frac{q_m}{Q_m} \times 100\%$$

式中　η_2——减峰率，%。计算结果见表 1-4-7。

绿地减峰率（h_0 取 10cm）(%)　　　　表 1-4-7

重现期 $T(a)$	汇水面积与绿地面积比 A/A_g					
	0	1	2	3	4	5
1	100	100	100	80.55	64.51	49.92
2	100	100	85.72	58.24	48.68	43.85
5	100	100	55.58	44.05	38.44	27.26
10	100	71.04	46.07	38.37	26.31	17.65
20	100	55.47	40.11	29.29	18.02	11.51
30	100	49.69	37.55	24.18	14.49	8.89
40	100	46.4	36.02	21.17	12.41	7.35
50	100	46.82	34.87	19.12	10.99	6.3
100	100	41.52	27.1	13.95	7.43	3.67

从表 1-4-7 可以看出，在单独下凹式绿地条件下，100 年一遇暴雨其减峰率为 100%；在有一倍汇水面积的情况下，10 年一遇暴雨其减峰率为 71.04%，50 年一遇暴雨其减峰率为 46.82%，100 年一遇暴雨其减峰率达 41.52%；在多倍汇水面积情况下也有很好的减峰效果。

4.8 结 束 语

水资源的日益短缺,遇暴雨时又造成洪涝灾害,而且带来河湖淤积等问题,这是城市化后,不透水面积大增,汇流速度加快,地表径流成倍甚至几倍增长造成的。下凹式绿地具有很好的蓄渗雨水径流和削减洪峰流量的特点,在城市建设中采用下凹式绿地是一种不增加建设投入而可收到一举多得的效果的措施。只要在设计和建造时调整好路面高程、绿地高程、雨水口坎高程的关系,使路面高程高于绿地高程,在绿地上设置雨水口,而且雨水口高程高于绿地高程而低于路面高程,这样就形成了下凹式绿地,降雨后的雨水径流都进入绿地,经绿地蓄渗后,多余的雨水径流才从雨水口流走。这对于城市防洪减灾,增加土壤水资源量和地下水资源量,净化水环境,减少绿地的灌溉用水量具有十分重要的意义。

参考文献

1. 给水排水设计手册编写组.《给水排水设计手册》(第五册).北京:中国建筑工业出版社,1986.158～161
2. 徐向阳.平原区城市雨洪过程模拟.水利学报,1998(8):
3. 邓培德.城市雨水的积水计算.给水排水,1998(7):
4. 长江流域规划办公室水文处编.实用水文水利计算.北京:水利出版社,1980.285-286
5. 黄文熀.水力学(上册).北京:人民教育出版社,1980.464 页
6. 朱元生,金光炎.城市水文学.北京:中国科学技术出版社,1991.121

叶水根　　中国农业大学

5 生物絮凝沉淀—生物氧化絮凝沉淀水处理技术

近年来应用复合生物反应器处理生活污水取得了很大的发展,国内外大量研究和实践证明,活性污泥(生物污泥)具有良好的吸附和絮凝作用。活性污泥不同于一般吸附剂,它组成复杂,又具有生物活性,其吸附作用为生物吸附,既包括生物污泥对溶解性物质的吸附和吸收作用,也包括微细颗粒物质在污泥表面的附着作用,以及被污泥絮体包裹的作用。

迄今为止,对于活性污泥的吸附和絮凝作用的研究主要集中在对其悬浮状态的研究上,特别是对生物吸附降解工艺(AB法)和利用活性污泥强化一级处理的研究上,由于产生的污泥量较大,并且当污泥吸附积累较多的重金属离子和有毒有害生物难降解有机物质时,使得污泥的活性降低,从而影响总体的净化效果。

本研究充分利用前人已取得的成果,最大限度地发挥生物吸附絮凝技术优势,对一种新的工艺流程:微氧生物吸附絮凝沉淀—好氧生物氧化絮凝沉淀开展研究。探索该工艺处理生活污水的可行性及最佳工艺条件,重点研究了活性污泥床在污染物去除中的作用,并对本工艺的抗冲击能力进行了研究。本试验研究的目的在于探索高效低耗的污水净化工艺,该研究建立的污水处理技术特别适用于中小型污水处理工程,对于有效保护环境和水资源再生利用具有重要意义。

5.1 主要设备、材料与方法

1. 主要设备和材料

试验装置见图 1-5-1,本工艺由生物吸附絮凝沉淀柱(柱1)和生物氧化沉淀柱(柱2)组成,其中柱2是采用软性纤维填料的复合生物反应器。柱1和柱2下部设有活性污泥层,生活污水由柱1内柱进入,从柱1外柱流出后进入柱2内柱,柱2外柱出水即为最终出水。

曝气装置:(1) 气泵:LE—3600;(2) 曝气头:长 65mm,直径 25mm。

试验用水:学校食堂旁的生活污水,COD_{Cr}约在 200~450mg/L 之间。

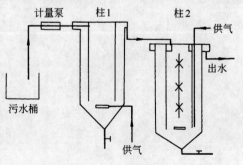

图 1-5-1 工艺流程

2. 测定项目与方法(见表 1-5-1)

测定项目与方法 表 1-5-1

项　　目	COD_{Cr}	BOD_5	DO	水　温	流　量
测定方法	快速重铬酸钾法	稀释倍数法	YSI—溶氧仪	温度计	体积法

3. 试验时间

1999.10.3～2000.10.5

5.2 试　验　运　行

本试验所用活性污泥取自高碑店污水处理厂。柱 1 接种活性污泥后控制曝气量(DO＝0.2～0.5mg/L);柱 2 用排泥法进行挂膜:将接种的活性污泥和污水混合泵入反应器中,静置 8h,使污泥与载体接触起到接种微生物的作用,之后排掉,再连续进入不含泥的生活污水,控制停留时间为 28.5h,运行 3h,挂膜完毕。

5.3 试验结果与讨论

1. 不同停留时间对 COD 去除效率的影响

试验过程中采用系统总的 HRT＝4.74h 和 HRT＝9.47h 两个水力停留时间,考察本工艺处理生活污水的能力及工艺的稳定性,试验结果见图 1-5-2。为了便于比较,图 1-5-2 中所取数据原污水 COD 相近,图中曲线按原污水的 COD 值由小到大排列,以后这类图都采取这种处理。由图 1-5-2 可以看出,当 HRT＝4.74h 和 HRT＝9.47h 时,系统的 COD_{Cr} 去除率平均值分别为 89.13％和 92.67％,采用

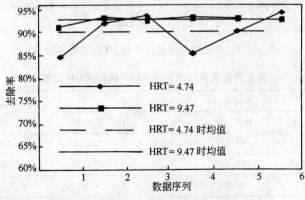

图 1-5-2 不同停留时间 COD 去除率比较

停留时间 9.47h 时的去除率高于停留时间 4.74h 时的去除率。并且在原污水 COD 变化较大的情况下，当 HRT＝9.47h 时，系统对 COD 去除率平均达到 92.67%，且非常稳定，出水 COD 均小于 30mg/L；当 HRT＝4.74h 时系统对 COD 去除率变化较大，净化效果不稳定。在试验中还发现，采用停留时间 4.74h 时，系统的污泥产量过高，而采用停留时间 9.47h 时，污泥产量明显地下降，产量甚微。在整个试验运行期间没有外排污泥。原因是：延长 HRT 有利于有机物降解完全，使出水水质稳定且污泥产率低。综合以上因素，选取停留时间 9.47h 的工艺条件作为下一步试验的停留时间，考察其他因素对有机物去除率的影响。

2. HRT＝9.47h 时活性污泥层对 COD 去除率的影响

（1）实际污水。

有无"活性污泥层"对系统 COD 去除率的影响如图 1-5-3 和表 1-5-2 所示。由图 1-5-3 和表 1-5-2 可以看出，有活性污泥层和无活性污泥层系统出水 COD_{Cr} 平均值分别为 21.75mg/L 和 57.08mg/L，COD_{Cr} 去除率平均值分别为 92.67% 和 76.15%，有污泥层时的系统 COD_{Cr} 去除率明显高于无污泥层时的 COD_{Cr} 去除率，且比无污泥层时的更稳定。为了更清楚地分析它们之间差别的原因，下面分别对柱 1 和柱 2 的去除情况进行分析，将柱 1 和柱 2 中 COD_{Cr} 去除率数据分别绘于图 1-5-4 和图 1-5-5 中。

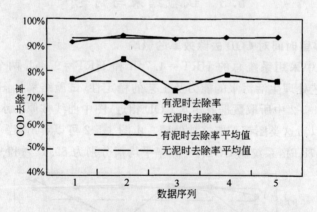

图 1-5-3　有无湖性污泥层系统 COD 去除率对比

有无污泥层系统进出水 COD，BOD/COD 比较　　　　表 1-5-2

项　目	有污泥层			无污泥层		
	原污水	柱 1 出水	柱 2 出水	原污水	柱 1 出水	柱 2 出水
COD 均值	293.49	94.82	21.75	241.56	100.26	57.08
BOD 均值	154.81	53.45	3.72	134.37	32.18	10.17
BOD/COD	0.52	0.56	0.17	0.55	0.32	0.17

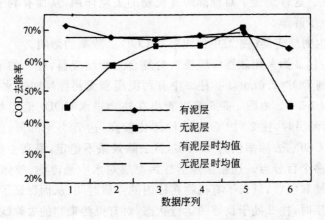

图 1-5-4 柱 1 有无活性污泥层 COD 去除率对比

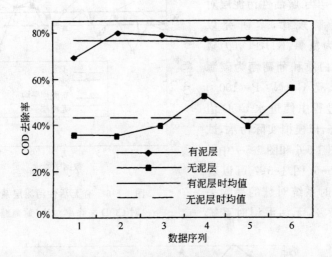

图 1-5-5 柱 2 中有无活性污泥层 COD 去除率对比

1) 微氧单元(柱1)活性污泥层对COD去除率的影响。

在本研究中柱1采用微氧工艺对生活污水进行处理,微氧单元的 HRT＝3.54h,DO 控制在 0.2～0.5mg/L,试验结果见表 1-5-2 及图 1-5-4。从表 1-5-2 和图 1-5-4 可以看出,有活性污泥层和无活性污泥层柱1对COD去除率分别为 67.9% 和 57.8%,有污泥层比无污泥层 COD 去除率高 10 个百分点且比较稳定。无活性污泥层时,柱1进水 BOD_5/COD_{Cr} 的值为 0.55,出水 BOD_5/COD_{Cr} 为 0.32,污水的可生化性降低;有活性污泥层时,进水 BOD_5/COD_{Cr} 的值为 0.52,出水 BOD_5/COD_{Cr} 为 0.56,污水的可生化性得到了提高。这说明微生物能快速吸附胶体物质,并在微氧条件下使其中大分子有机物分解[3],在降低 COD 的同时,提高了出水可生化性。这样加强了对难降解有机物的去除作用,从而有利于柱 2 对水中有机物的进一步降解。

2) 复合生物反应器(柱 2)中污泥层对 COD 去除率的影响。

本工艺中柱 2 为采用软性纤维填料的复合生物反应器,柱 2 的水力停留时间为 5.93h,控制 DO>2.0mg/L。柱 2 中有污泥层和无污泥层时进水 COD 去除率对比曲线如图 1-5-5。由图 1-5-5 可以看出在柱 2 进水 COD_{Cr} 值相差不大的情况下,有活性污泥层时,柱 2 对 COD_{Cr} 去除率比较高,达 70%~80%,而无活性污泥层时,其平均 COD_{Cr} 去除率仅为 40% 多,且去除效果不稳定,最高去除率与最低去除率相差 20 多个百分点。这是因为活性污泥层对水中悬浮物、胶体、游离性细菌进行网捕、过滤和吸收,延长了有机物在柱内的停留时间,从而保证了提高去除率。总之,有污泥层时,柱 2 处于良好的运行状态,对有机污染物的去除既高效又稳定。

(2) 人工配水试验。

为了进一步了解活性污泥层对有机物的降解规律,本研究以 $(NH_4)_2SO_4$ 为氮源、KH_2PO_4 为磷源,分别用蛋白质和葡萄糖为碳源做人工配水试验,C∶N∶P=100∶5∶1。试验过程中使进水 COD 值处于变化状态,以模拟实际污水,试验结果绘于图 1-5-6 和图 1-5-7 中。

由图 1-5-6、图 1-5-7 可以看出,有污泥层时系统对糖的平均去除率为 91.27%,无污泥层时系统

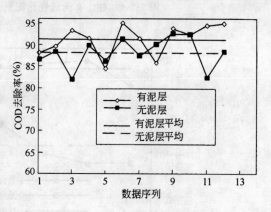

图 1-5-6 有无活性污泥层系统对 COD 去除率对比(葡萄糖)

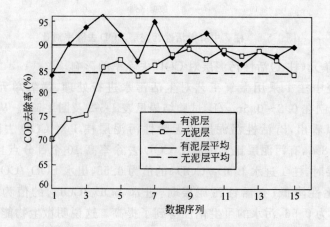

图 1-5-7 有无活性污泥层系统对 COD 去除率对比(蛋白质)

对糖的平均去除率为88.16%,活性污泥层作用不大;而有污泥层时系统对蛋白质的去除率89.97%比无污泥层时的去除率84.23%,高近6个百分点。这说明活性污泥层作用大小与有机物种类有关。葡萄糖是最简单的碳水化合物,在缺氧条件下1分子葡萄糖降解为2分子丙酮酸,可被细胞直接利用。蛋白质是由多种氨基酸组成的复杂的有机物,不能被细胞直接利用,在进入细胞组织前,需要经过蛋白质水解酶的作用,使其水解为氨基酸,细胞才能利用,其路径为:蛋白质→多肽→2肽→氨基酸。活性污泥层中的细菌在吸附再生过程中不断使分子量大的有机污染物分解为小分子物质,加快了污染物的降解。

3. 系统抗冲击负荷能力试验

本试验通过改变进水COD浓度,考察高负荷冲击时系统对COD的去除率和出水DO的变化及其恢复状况。

试验所用高浓度污水来自学校食堂的集水井,主要为油脂类物质,其COD浓度为1200mg/L左右。在进水COD浓度为340.91mg/L的稳定条件下,使用高浓度进水(1085.74mg/L),持续4个小时后,再换回原来的浓度水平,考察冲击过程中各参数的变化,试验运行的水力停留时间为9.47h(柱1—3.54h,柱2—5.93h)。试验结果如图1-5-8和图1-5-9所示。

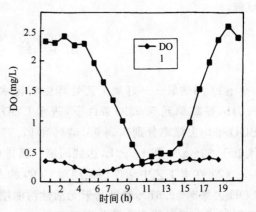

图1-5-8 冲击后出水DO变化情况

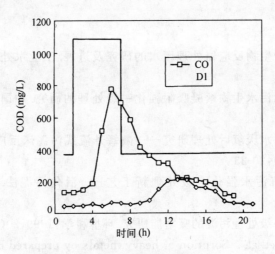

图1-5-9 冲击后出水COD变化情况

由图 1-5-8 和图 1-5-9 可以看出,当原污水 COD 浓度由 340.91mg/L 突然变为 1085.7mg/L 时,柱 1 出水 COD 浓度由 135.01mg/L 逐渐提高到 776.33mg/L 左右,DO 由 0.34mg/L 逐渐降低到 0.14mg/L,浓度升高后,净去除量与冲击前相比没有太大的变化,除生物的吸附、吸收、氧化作用外,还有反应器中原有低浓度污水的水力稀释作用。柱 2 出水 COD 浓度由 50.63mg/L 逐渐提高到 210.40mg/L,DO 由原来的 2.33mg/L 下降到最低时的 0.32mg/L,这说明柱 2 进水由 135.01mg/L 升高到 776.33mg/L 时,生物因素方面的影响很大,复合生物反应器里生物氧化降解在污染物去除过程中起主要作用,水力稀释作用较小。同时,还可以看出,冲击过后系统的处理能力受到的影响很小,可见,本工艺的抗冲击能力较强。

5.4 结　　论

(1) 用微氧——好氧工艺处理生活污水在总水力停留时间 9.47h(微氧单元 3.54h,好氧单元 5.93h)条件下,进水 COD 浓度在 200～450 mg/L 时,COD 和 BOD 平均去除率分别达到 92.67% 和 97.75% 以上,系统出水中 COD 和 BOD 分别低于 30mg/L 和 7mg/L,达到国家一级排放标准中相应指标的要求。

(2) 在本工艺中活性污泥层对 COD 的去除作用显著,有活性污泥层存在时的 COD 去除率 92.67% 明显高于无活性污泥层存在时的 COD 去除率 76.15%,尤其是对较大分子的物质去除作用显著。

(3) 本工艺设施占地少、结构紧凑、污泥产量小、管理方便、抗冲击能力负荷强,冲击过后对处理能力没有影响。

参考文献

1. 王建龙等.复合生物反应器处理废水的研究及进展.工业水处理,1997,17(1):6-8
2. 师绍琪等.生活污水生物絮凝吸附强化一级处理的研究.中国给水排水,1998,14(2):5-7
3. 王凯军.生活污水厌氧后处理研究——微氧升流式污泥床反应器.中国给水排水,1998,14(3):20-23
4. 蒋展鹏等.城市污水强化一级处理新工艺——活化污泥法.中国给水排水,1999,15(12):1-5
5. 尤作亮.强化一级处理污泥的吸附能研究.环境科学,1999,20(4):24-27
6. Churchill S A et. al.. Sorption of heavy metals by prepared Bacterial cell surfaces. J. Environ. Engin. 1995,121(10):706-711

7. Pujol R, Canler J. P. Biosorption and Dynamics of Bacterial Populations in Activated Sludge. Wat. Res. 1992, 26(2): 209-212

刘红　孔祥辉　北京师范大学环境科学研究所

6 云岗污水处理站污水回用技术的研究

北京是一个严重的缺水城市,通过合理有效的污水回用技术将污水处理后回用于工业、城市杂用、河道景观和补充地表水等,既可以缓解对新鲜水源的需求,又可以减轻对环境的污染,可谓一举两得,具有极大的环境效益和社会效益;而且,其潜在的经济效益也是不可低估的。

本研究针对云岗污水处理站二级出水水质现状及不同目的回用水水质的要求,通过两年的现场试验,提出了较为可行的处理工艺,确定了处理工艺的技术参数,获得技术上可行、经济上合理、生产上可靠的污水回用处理工艺,为今后的工程实施提供良好的技术支持。

6.1 原水水质和试验出水要求

云岗污水处理站采用 SBR 工艺,出水相对稳定。在试验研究期间对原水进行了水质检测,考虑到回用于补充地表水的回用要求,化验项目为国家《地表水环境质量标准》中Ⅲ类水体标准中的基本项目(详见表 1-6-1),表中第 32、33、34 项为试验增设项目。通过对原水的多次检测分析,以及云岗污水处理站提供的常年累积的检测资料,在获取大量数据的基础上,对照国家《地表水环境质量标准》中Ⅲ类水体标准,确定试验原水中主要污染物为有机污染物、氮和磷及其他污染物(如石油类、硫化物等)。

根据不同的回用目的,试验出水水质要求分别满足国家《再生水用作工业冷却用水的建议水质标准》、《再生水回用于景观水体的水质标准》、《生活杂用水水质标准》和《地表水环境质量标准》中Ⅲ类水体标准。

原 水 水 质 表　　　单位:mg/L　　表 1-6-1

序 号	项 目 名 称	最低值～最高值	平均值
1	水温(℃)	0～34	15
2	pH	7.06～8.41	7.60
3	硫酸盐(以 SO_4^{2-} 计)	71.00～149.00	106.00
4	氯化物(以 Cl^- 计)	65.10～106.10	78.60
5	溶解性铁	0.01～0.44	0.15

续表

序 号	项目名称	最低值~最高值	平均值
6	总锰	0.00~0.17	0.06
7	总铜	未检出	未检出
8	总锌	未检出	未检出
9	硝酸盐(以N计)	0.38~13.83	4.50
10	亚硝酸盐(以N计)	0.02~6.56	1.37
11	非离子氨	0.002~3.42	1.03
12	凯氏氮	4.50~32.60	12.59
13	总磷(以P计)	0.20~3.86	1.87
14	高锰酸盐指数	4.00~13.40	7.51
15	溶解氧(DO)	3.07~7.52	5.93
16	化学需氧量(COD_{Cr})	11.80~61.60	25.90
17	生化需氧量(BOD_5)	1.05~25.90	12.10
18	氟化物(以F^-计)	0.40	0.40
19	硒(四价)	未检出	未检出
20	总砷	未检出	未检出
21	总汞	未检出	未检出
22	总镉	未检出	未检出
23	铬(六价)	未检出	未检出
24	总铅	未检出	未检出
25	总氰化物	未检出	未检出
26	挥发酚	未检出	未检出
27	石油类	0.40~7.00	3.20
28	阴离子表面活性剂	0.05~0.10	0.06
29	粪大肠菌群(个/L)		
30	氨氮	0.52~31.10	11.90
31	硫化物	0.25~0.29	0.26
32	色度①	11~35	17
33	浊度①	1.10~11.76	4.61
34	碱度①	131~312	232

① 试验增设项目,未含在Ⅲ类水体标准的31项基本指标中。

6.2 试验处理工艺及流程

目前，城市污水回用中通常采用的技术有生物处理、物化处理、膜处理、臭氧氧化（O_3）和活性炭吸附（AC）等深度处理方法。生物处理的主要目的是去除污水中的有机污染物和 NH_3-N。本试验采用以陶粒为填料的淹没式生物膜滤池（以下简称 BF 工艺）作为生物处理工艺。BF 工艺是目前水处理工艺中一种研究较多、应用较广、处理效果较好的生物处理方式。该工艺对于污水中的有机物、NH_3-N 和 SS 等均有较好的去除效果。物化处理的主要目的是除磷，本试验中物化处理采用微絮凝过滤（以下简称 MFF）和常规处理两种工艺。MFF 工艺指原水经加药混合后不经沉淀直接进入滤池过滤；常规处理工艺指原水经加药混合、絮凝后经过沉淀，再进行过滤。膜分离技术通常被认为是一种物理过滤作用，其应用可根据原水水质和被处理后的水质要求广泛应用于水处理的各个方面。臭氧氧化和活性炭吸附工艺通常在城市污水回用中不单独使用，而是与其他技术组合使用，目的是为了进一步去除污水中不易降解的有机物和剩余污染物。

不同的单元工艺有其特定的去除对象，在对原水的净化过程中有着不同的分工，而且各单元工艺是相互联系和相互影响的。对于回用水质要求较高的再生水处理，仅仅使用单元工艺很难满足要求，通常需要对不同处理技术进行组合，因此，本试验中进行了组合工艺试验研究。组合试验的目的就是从系统的角度考虑整个处理工艺的选择，依据不同单元工艺及其相互联系，合理发挥各个单元工艺的特点和各个单元工艺之间的协同作用，使处理工艺的选择合理可靠。本研究进行了 4 种单元工艺、9 种组合工艺的试验研究，其单元工艺和组合工艺试验流程在图 1-6-1～图 1-6-9 中给出。

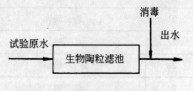

图 1-6-1 现场试验工艺流程一

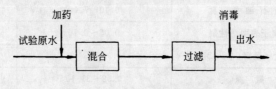

图 1-6-2 现场试验工艺流程二

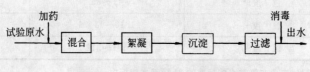

图 1-6-3 现场试验工艺流程三

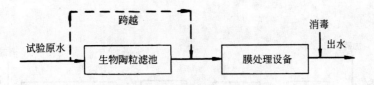

图 1-6-4　现场试验工艺流程四

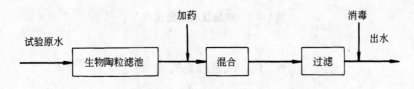

图 1-6-5　现场试验工艺流程五

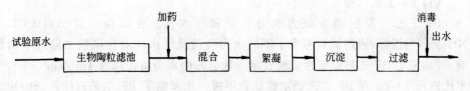

图 1-6-6　现场试验工艺流程六

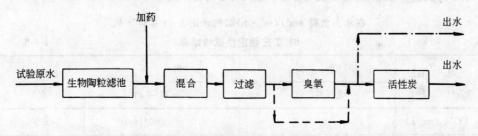

图 1-6-7　现场试验工艺流程七

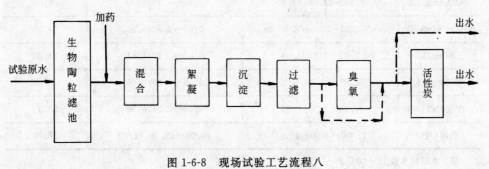

图 1-6-8　现场试验工艺流程八

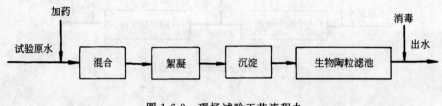

图 1-6-9 现场试验工艺流程九

6.3 试验结果分析

1. 单元工艺试验结果分析

(1) BF 工艺试验。

BF 工艺主要控制参数为水力负荷和气水比。在试验中首先以 COD_{Cr}、NH_3-N 为指标,通过试验考察了不同水力负荷及气水比对污染物去除效果的影响,并确定了 BF 工艺稳定性试验技术参数。其中水力负荷选择 $4m^3/(m^2 \cdot h)$,气水比选择 3∶1。在 BF 工艺稳定性试验中进一步考察了 BF 工艺连续运行的稳定性及在秋冬季的运行效果。同时进行水力负荷为 $6m^3/(m^2 \cdot h)$,气水比为 3∶1 的对比试验。试验结果在表 1-6-2 和表 1-6-3 中给出。

在水力负荷 $4m^3/(m^2 \cdot h)$ 和气水比 3∶1 条件下的
BF 工艺稳定性试验结果　　　表 1-6-2

项目名称	进水 低—高/平均	出水 低—高/平均	去除率(%)
COD_{Cr}(mg/L)	16.10—43.10/27.10	6.00—25.00/16.10	40.60
COD_{Mn}(mg/L)	6.20—12.50/8.05	3.28—6.04/5.15	36.02
BOD_5(mg/L)	1.64—25.00/11.80	0.19—6.71/1.70	85.60
NH_3-N(mg/L)	1.20—22.50/8.60	0.09—3.90/0.50	94.20
TP(mg/L)	0.52—3.86/2.09	0.02—2.90/1.61	23.00
SS(mg/L)	3.00—24.00/6.00	0.00—2.00/0.00	100.00
浊度(NTU)	1.18—8.39/5.76	0.00—1.24/0.96	83.33
色度(度)	12.00—30.00/15.00	10.00—13.00/11.00	26.70

注：本试验水温 11~20℃。

在水力负荷 6m³/(m²·h)和气水比 3∶1 条件下的
BF 工艺稳定性试验结果 表 1-6-3

项目名称	进水 低—高/平均	出水 低—高/平均	去除率(%)
COD_{Cr}(mg/L)	16.10—43.10/27.10	8.00—27.40/17.60	35.10
COD_{Mn}(mg/L)	6.20—12.50/8.05	4.12—6.00/5.25	34.78
BOD_5(mg/L)	1.64—25.00/11.80	0.36—7.58/2.70	77.10
NH_3-N(mg/L)	1.20—22.50/8.60	0.12—7.76/1.70	80.23
TP(mg/L)	0.52—3.86/2.09	0.32—3.31/1.67	20.10
SS(mg/L)	3.00—24.00/6.00	0.00—4.00/1.00	83.30
浊度(NTU)	1.18—8.39/5.76	0.00—1.29/1.25	78.30
色度(度)	12.00—30.00/15.00	11.00—13.00/12.00	20.00

注：本试验水温 11~20℃。

稳定性试验经历了秋冬季,在相对低温的条件下,BF 工艺在水力负荷为 4m³/(m²·h),气水比为 3∶1 和水力负荷为 6m³/(m²·h),气水比为 3∶1 两种条件下连续运行了近 4 个月,取得了满意的处理效果,出水均可达到回用于工业冷却、环境景观水体和城市杂用的水质标准。但从试验结果中不难发现,BF 工艺对 TP 的去除效果不是很明显。若将其与物化处理工艺进行有机结合,则有可能全面提高回用水水质,以适应高标准的回用要求。

(2) 物化处理试验。

MFF 工艺试验结果表 表 1-6-4

项目名称	进水均值	出水均值	去除率(%)
COD_{Cr}(mg/L)	19.30	12.70	34.10
COD_{Mn}(mg/L)	7.23	5.43	24.90
NH_3-N(mg/L)	9.05	7.51	17.00
TP(mg/L)	1.48	0.23	84.50
浊度(NTU)	3.86	0.48	87.60
色度(度)	18.00	13.00	27.80

常规处理工艺试验结果表 表 1-6-5

项目名称	进水均值	出水均值	去除率(%)
COD_{Cr}(mg/L)	27.60	12.50	54.70
COD_{Mn}(mg/L)	7.29	5.42	25.70
NH_3-N(mg/L)	9.80	7.35	25.00

续表

项目名称	进水均值	出水均值	去除率(%)
TP(mg/L)	1.64	0.10	93.90
浊度(NTU)	2.81	0.48	82.90
色度(度)	18.00	13.00	27.80

物化处理的主要目的是除磷。本阶段进行了 MFF 工艺试验和常规处理工艺试验,试验结果在表 1-6-4 和表 1-6-5 中给出。两组试验结果表明:MFF 工艺和常规处理工艺出水均可达到回用于工业冷却、环境景观水体和城市杂用的水质标准。这两种工艺对试验原水中的 TP 和浊度有较好的去除效果,对 COD_{Cr} 也有一定的去除效果,但对 NH_3-N 的去除效果不是很明显。因此,在实际工程使用中应根据污水处理厂二级出水中 NH_3-N 含量来确定是否选用。

(3)膜处理试验。

该试验采用孔径为 $3\mu m$ 的聚砜中空纤维超滤膜,处理水量为 50 L/h。试验结果见表 1-6-6。试验结果表明:本试验采用的膜处理工艺对试验原水中的 SS 及浊度有很好的去除效果,对 COD_{Cr} 和 BOD_5 也有较好的去除作用,但对试验原水中的 NH_3-N 和 TP 等去除作用不大。虽然膜处理工艺出水也可达到回用于工业冷却、环境景观水体和城市杂用的水质标准,但当对回用水水质中的 N、P 等有较高要求时,单独选用膜处理工艺达不到理想的处理效果。同时,膜处理工艺存在着一次性投资、运行费用较高,膜设备需要更新等问题。

膜处理工艺试验结果表　　　　表 1-6-6

项目名称	原水均值	膜出水均值	去除率(%)
COD_{Cr}(mg/L)	31.50	18.00	42.90
COD_{Mn}(mg/L)	7.55	5.73	24.10
BOD_5(mg/L)	8.38	2.69	67.90
NH_3-N(mg/L)	7.66	5.09	33.60
TP(mg/L)	1.73	1.32	23.70
SS(mg/L)	5.00	0.00	100.00
浊度(NTU)	4.65	0.26	94.40
色度(度)	14.00	9.00	35.70

2. 组合工艺试验结果分析

从单元工艺的试验结果看,在城市污水处理厂二级出水 NH_3-N 和 TP 含量较低的条件下,各单元工艺出水水质虽达到回用于工业冷却、环境景观水体和城市杂用的水质标准,但尚不能达到国家《地表水环境质量标准》中Ⅲ类水体标准。此外,各单元工艺对原水中的不同污染物有着不同的处理效果。因此,为了能够全面有效的去除原水中的 COD_{Cr}、NH_3-N 和 TP 等,必须充分发挥各单元工艺的优势,使回用水水质全面达到Ⅲ类水体标准。本课题进行了以下 9 种组合工艺的试验研究:BF+MFF 处理工艺(图 1-6-5)、BF+常规处理工艺(图 1-6-6)、BF+MFF+O_3 处理工艺(图 1-6-7)、BF+常规处理+O_3 处理工艺(图 1-6-8)、BF+MFF+AC 处理工艺(图 1-6-7)、BF+常规处理+AC 处理工艺(图 1-6-8)、BF+MFF+O_3+AC 处理工艺(图1-6-7)、BF+常规处理+O_3+AC 处理工艺(图 1-6-8)、混凝沉淀+BF 处理工艺(图1-6-9)。

通过组合工艺试验发现:除混凝沉淀 + BF 处理工艺的出水水质未达到Ⅲ类水体标准外,其他 8 种组合工艺出水水质均能达到Ⅲ类水体标准。BF + 常规处理工艺处理效果要好于 BF + MFF 工艺。MFF 工艺虽然较常规处理工艺节省沉淀池、节省药剂,但是对投药量和絮凝条件要求严格,抗冲击负荷能力差,滤池运行周期较短。而常规处理工艺抗冲击负荷能力强,滤池运行周期长,出水水质稳定。在上述两种工艺的基础上,单独增加臭氧或活性炭处理工艺,对水质没有明显的提高,而增加 O_3+AC 组合工艺对有机污染物的去除有显著效果。这是因为在增加 O_3+AC 的组合工艺中,臭氧氧化可使水中不易生物降解的有机污染物转化为易生物降解物质,在投加臭氧的同时,也向水中充氧,增加了水中的溶解氧。臭氧氧化是配合活性炭吸附工艺最好的强氧化剂。臭氧氧化和活性炭吸附的作用主要体现在对有机物、色度等进一步去除上。但臭氧氧化和活性炭吸附存在着一次性投资、运行费用较高,活性炭又有再生等诸多问题。在实际工程中,当原水中有机物浓度与色度相对不是很高时,通过生物和物化组合处理工艺已基本能满足要求,无需增设上述深度处理工艺。

通过对各组合工艺试验结果比较分析,当再生水要求达到Ⅲ类水体标准时,推荐采用 BF+常规处理工艺。在此基础上,通过推荐工艺的稳定性试验获得相应的技术参数为:混凝剂采用聚合氯化铝,投加量 7mg/L(以 Al_2O_3 计),机械混合、絮凝。采用竖流式沉淀池、砂滤池或其他常规处理构筑物。该工艺对有机物、NH_3-N、TP 等均有较好的去除效果,出水水质稳定。从稳定性试验结果来看,BF+常规处理组合工艺对 COD_{Cr}、NH_3-H、TP 的总平均去除率分别为 50.08%、97.64%、94.10%,最后出水中 COD_{Cr}、NH_3-H、TP 的平均值分别为 13.83mg/L、0.25mg/L、0.06mg/L,全部达到了国家《地表水环境质量标准》中的Ⅲ类水体标准。如表1-6-7所示。

推荐工艺稳定性试验处理效果　　　　　　　　表 1-6-7

项目名称	原水 低—高/平均	生物陶粒柱出水低—高/平均	去除率（%）	滤柱出水 低—高/平均	总去除率（%）
COD_{Cr} (mg/L)	11.73—50.40/26.20	11.17—29.40/16.70	36.33	2.78—19.40/13.10	50.08
BOD_5 (mg/L)	2.11—16.40/9.50	0.33—4.63/2.10	77.89	0.06—2.13/1.10	88.23
TP (mg/L)	0.30—3.67/1.33	0.07—3.13/1.12	15.79	0.00—0.10/0.08	94.10
NH_3-N (mg/L)	3.30—29.77/12.80	0.06—2.16/0.57	95.54	0.00—0.47/0.30	97.64
pH	7.24—7.64	7.94—8.23		7.63—8.31	
浑浊度 (NTU)	1.21—4.77/3.10	0.28—0.83/0.49	84.19	0.12—0.46/0.20	93.55

6.4 结 论

通过 4 种单元工艺和 9 种组合工艺的试验研究和推荐工艺的稳定性试验研究，得到如下结论：

(1) 单独采用 BF 工艺、MFF 工艺或常规处理工艺、膜处理工艺处理云岗污水处理站二级出水，其回用水经消毒后各项污染物指标均能达到回用于工业冷却、环境景观水体和城市杂用的水质标准。

(2) 采用 BF＋常规处理组合工艺或 BF＋MFF 组合工艺处理云岗污水处理站二级出水，其回用水经消毒后各项污染物指标均能达到国家《地表水环境质量标准》中Ⅲ类水体标准。

参考文献

1. T. ASANO and A. D. LEVINE：Wastewater reclamation, recycling and reuse：past, present, and future, Wat. Sci. Tech. Vol. 33, 1996
2. M. KROFTA, D. MISKOVIC, D. BURGESS and E. FAHEY：The investigation of the advanced treatment of municipal wastewater by modular flotation-filtration systems and reuse for irrigation, Wat. Sci. Tech. Vol. 33, 1996
3. Rafale Mujeriego and Takashi Asano：THE ROLE OF ADVANCED TREATMENT IN WASTEWATER RECLAMATION AND REUSE, Wat. Sci.

Tech. Vol. 40,1999
4. 何彪名,刘学功,张力高.生物吸附-生物膜过滤法(A-BF 法)处理城市污水.给水排水,第 24 卷第 1 期,10-15,1998
5. 方先金,张韵.高碑店污水处理厂水资源再利用的研究.全国污水除磷脱氮技术研究会论文集,上海,282-286,2000

赵志军　方先金　北京市市政工程科学技术研究所

7 UASB处理生活污水的中试研究

升流式厌氧污泥床反应器(UASB),同其他厌氧生物反应器一样,迄今主要用于高浓度有机废水的中温处理,但由于它具有较多优点,不少国家如荷兰、巴西、哥伦比亚、意大利等一些大学研究机构,针对生活污水浓度低、水量大、中温消化不经济等特点进行了常温试验,并已有一些生产性装置投入运行。由于 UASB 工艺具有流程简单,节省投资和运行费用,处理效率高等特点,比其他高速厌氧反应器更适宜作为好氧法的替代或预处理工艺,对于像我国这样的发展中国家经济有效地解决水污染问题具有特别重要的意义。

本文将重点研究采用 UASB 处理生活污水,在温度较低环境下的启动条件、运行参数和运行效果。

7.1 研究内容和试验装置

根据以上目的,本试验研究内容主要包括:

(1) 用生活污水作为 UASB 反应器的进水,研究 COD 水力负荷、停留时间等参数对反应器启动和运行的影响,以及 UASB 快速启动的技术措施。

(2) 研究反应器在常温下的运行参数及其对处理效果的影响。

(3) 探讨 UASB 反应器中颗粒污泥的微生物学特性。

(4) 观察产气情况,分析气体组分。

(5) 研究 UASB 处理生活污水在中温(30℃)条件下污泥增长的情况以及产气率的情况。(由小试实验确定)

UASB 中试反应器用钢板制成,厚度为 10cm。上部为沉淀区,内设三相分离器,长为 3.15m,宽为 2.10m,高为 4.5m,容积为 30m^3。沿反应器的高度设有 5 个取样口,其间距为 0.5m,最下面的一根取样口离地面 0.6m。整个装置设在实验室的中试基地,进水不采用加热设备,反应器采用高位水箱进水,进水流量用转子流量计计量,沼气的产量采用煤气表计量。

试验所用的生活污水来自清华大学 1 号楼宿舍后污水泵站。该泵站汇集了学生宿舍、部分家属区、教学区、食堂等生活污水及一些实验室废水。

7.2 UASB中试装置的启动

本试验用生活污水启动 UASB 厌氧反应器,用消化污泥接种和脱水后的好氧污泥作厌氧微生物载体的快速启动,接种污泥量为 0.3tVSS,种泥在反应器中的浓度按整个反应器容积算为 10gVSS/L。启动期间水温约为 10~25℃,由于生活污水的有机物的浓度低,为了缩短反应的启动时间,在启动期间尽量的提高污泥负荷。试验采用逐步加大水力负荷的方法来达到此目的,另外,试验过程中还采用提高进水的 COD 的浓度,提高有机负荷,加快颗粒污泥成熟。经过一个月左右的运行,基本上完成厌氧 UASB 反应器的快速启动。

1. 启动滞后期

试验时,初始污泥负荷按小于 0.2 kgCOD/(kgVSS·d)(按照实地的温度得出),相应的水力负荷为 $7.26m^3/(m^2·d)$,水力停留时间 10h,最小的容积负荷在 $0.2kgCOD/(m^3·d)$ 左右。最初的几天内,由于进水对种泥的冲刷淘汰,一些较轻的悬浮物被冲出去,表现最初几天内出水中的悬浮物比进水中的悬浮物高。十天以后产气开始恢复正常,出水的有机物小于进水的有机物,且有少量的沼气气体产生。随着进水的连续进行,厌氧污泥逐渐稳定,反应器已具有初步有机物的降解能力,COD 的去除能力为 2%~10% 之间,出水中的有机酸含量有所增加,出水中的碱度较进水中的碱度高。并且产生少量的沼气。

2. 厌氧颗粒污泥出现期

由于进水的有机物的浓度较低,所以,必须适当提高进水的有机物的量,使进水的污泥负荷有所提高,具体措施是向生活污水中加入食堂的米汤水 600L。这样可以提高进水有机物的浓度,加速厌氧 UASB 颗粒污泥的形成。这一时期进水的污泥负荷提高到 0.2kgCOD/(kgVSS·d) 左右。相应的水力负荷为 $12.03m^3/(m^2·d)$,水力停留时间为 6h,最小的容积负荷为 0.4 kgCOD/$(m^3·d)$ 左右,沼气产量明显增多,COD 的去除效率明显增多,在 20%~40% 之间。但出水的悬浮物依然较高。反应器已具有明显的去除有机物的处理效果。

3. 厌氧颗粒污泥成熟期

由于用生活污水作基质,进水的有机物的浓度低。为了使厌氧颗粒污泥得到足够的营养和反应器具有较高的筛分强度,先将水力负荷从 $7.26m^3/(m^2·d)$ 提升到 $12.03m^3/(m^2·d)$,运行 11 天后再提高到 $16.48m^3/(m^2·d)$,相应的水力停留时间分别为 10h、6h、4.5h。在运行 30 天左右 COD 的去除率稳定并大于 50%,沼气产气率为 $0.2~0.3m^3/d$,甲烷的含量为 55%。厌氧污泥中,颗粒直径大于 0.5mm 的占总厌氧污泥量的 58%,最大粒径可达 2 mm 左右,但大小很不均匀,SVI 为 40mL/g,最大产甲烷速率为 24.41mL/(gVSS·h),所有这些都说明了颗粒污泥已具有了良好的活性和沉降性,至此反应器被认为启动完毕。厌氧颗粒污泥见图1-7-1。

图 1-7-1　厌氧颗粒污泥

7.3　UASB反应器在常温下处理生活污水的研究

当UASB反应器启动结束后研究了在常温下处理生活污水的运行性能。试验通过反应器在9～35℃的温度范围内处理生活污水,较系统地考察了反应器在不同的水力负荷的条件下即不同的水力停留时间下,反应器运行的COD的处理效率,SS的处理效率,沼气的产率,还研究了运行过程中pH值、碱度、有机酸、ECP、产甲烷的活性以及颗粒污泥厌氧微生物的组成,并探讨颗粒污泥的分层机构以及形成等机理的研究。

1. 水力停留时间与COD去除率的关系

出水中的COD浓度是生活污水处理效果的重要指标,UASB处理生活污水在水力停留时间为5h和2h的COD的处理率如图1-7-2所示。

从图1-7-2中可以看出,当反应器的水力停留时间(HRT)为5h,水力负荷为14.55$m^3/(m^2 \cdot d)$时,COD的去除率稳定在60%～90%之间,出水值在80mg/L以下。当UASB在停留时间为2h,水力负荷为36.28$m^3/(m^2 \cdot d)$,由于水力负荷加大,使污泥负荷增加,从而提高了厌氧污泥的活性,COD的去除率为70%～80%,出水中的COD小于70mg/L。有机物的去除包括了截留颗粒有机物和降解溶解性的有机物。溶解性有机物的进水浓度较好的另一个原因是该阶段运行时是夏季,处于一年四季中温度最高的时期,由于温度的升高,有机物的去除率也相应地有所增加。大部分的有机物的去除是通过颗粒污泥的截留、吸附,然后通过水解细菌的水解作用。微生物把大分子有机物通过产氢产乙酸细菌作用变为甲酸、乙酸等小分子的有机物,最后通过产甲烷菌作用完成产沼气的全过程。

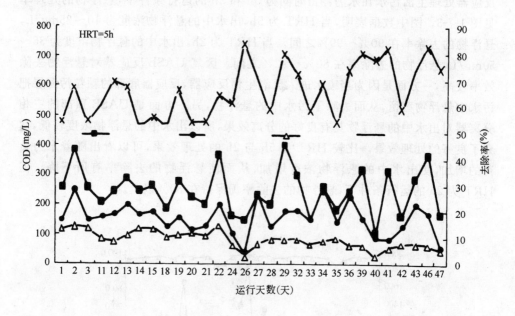

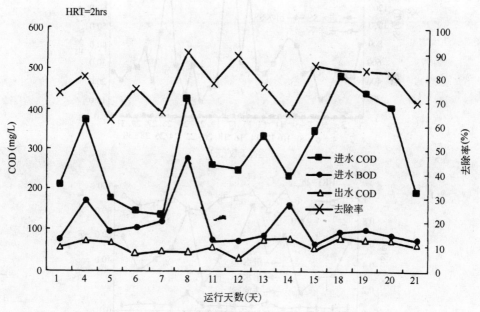

图 1-7-2　UASB 的 HRT 与 COD 去除效果的关系

2. 水力停留时间与悬浮物处理率的关系

处理出水中的悬浮物浓度是生活污水处理效果的重要指标之一。UASB 厌氧反应器处理生活污水在水力停留时间为 5h 和 2h 的运行条件下,悬浮物的处理率见图 1-7-3。图中数据表明,当 HRT 为 5h,出水中的悬浮物浓度为 10～25mg/L,悬浮物的去除率在 90%～99% 之间。当 HRT 为 2h,出水中的悬浮物浓度为 35～50mg/L,悬浮物的去除率在 80%～92% 之间。厌氧 UASB 反应器对悬浮物去除效率较高,一方面是因为当废水进入厌氧生物反应器,反应器底部的颗粒污泥层把污水中悬浮物截留,从而去除了污水中的悬浮物,另一方面是 UASB 顶部的三相分离器对出水中的悬浮物具有良好的分离效果,所以出水中的悬浮物浓度较低,达到了良好的处理效果。比较 HRT 为 5h 与 2h 的处理效果,可以看出随着水力负荷的增加,使出水中的悬浮物浓度增加,从而使悬浮物的去除率有所下降。但 HRT 为 2h 的运行条件下,悬浮物的去除率仍保持在 80% 以上。

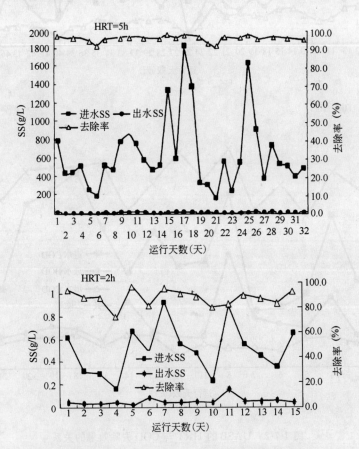

图 1-7-3　UASB 的 HRT 与 SS 去除效果的关系

3. UASB 的产气量

沼气产量是厌氧反应器运行状况的重要参数。由于本试验条件下生活污水的有机物含量较低，进水的溶解性 COD 浓度在 80～170mg/L，因此沼气的产气量较低。图 1-7-4 给出了在 HRT 分别为 5h 和 2h 条件下的产气量曲线。比较两条曲线的数据，可以看出 HRT 为 5h 的产气量高于 2 小时的产气量，说明随着 COD 去除效率的下降，产气量也明显下降。另一方面也可以说明当反应时间被缩短后，一部分有机物未能被完全转化为甲烷，而随出水流失。

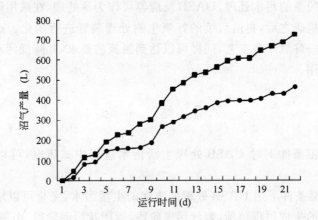

图 1-7-4　不同 HRT 条件下的沼气产量

4. UASB 中氮磷浓度的变化

UASB 的进水中的氨氮浓度为 25～30mg/L，而出水中氨氮浓度为 30～35mg/L。这一现象说明厌氧生物处理对氨氮的去除几乎没有效果。氨氮的升高是由于污水中的含氮有机物，例如蛋白质等经过水解细菌的氨化和发酵作用，使污水中的有机氮变为氨氮，这样使出水中氨氮比进水中的氨氮高。

UASB 进水总氮的浓度为 50～55mg/L，出水的总氮浓度在 40mg/L 左右，有大约 10%～15%的去除率。总氮的去除率可认为主要是同化作用的结果。

生活污水中的总磷包括有机磷和无机磷两部分，UASB 反应器对总磷也有一定的去除，但去除能力不高。在本实验的条件下去除率在 10% 左右，可认为主要是微生物的同化作用消耗了污水中的磷。

7.4　UASB 处理生活污水的可行性

UASB 反应器是一种高效的厌氧生物反应器，实验数据表明：在常温下（9～35℃）可以正常运行。在中试研究中，UASB 反应器对 COD 的去除率达到 52%～83%，出水的 COD 值小于 100mg/L 以下。SS 的去除率达到 95%，出水 SS

浓度基本在 30mg/L 左右。出水水质可以达到排放标准。由于达到上述处理效果的反应器水力停留时间为 5h，与一般活性污泥法的水力停留时间(4～5h,用于除碳为目的)相当，因此，反应器壳体造价应与活性污泥法相近。由于 UASB 为厌氧反应器，不需要充氧曝气，省去了鼓风机和曝气充氧系统的设备，可以节约一部分基建投资。由于厌氧生物反应不需要供氧，在整个运行过程中除了水泵提升需要用电外，其他部分消耗动力很少。因此在处理生活污水的运行费上，会低于普通活性污泥法的运行费。

对于要求脱氮的污水处理，UASB 反应器可作为预处理，在采用该技术高效低耗地去除了有机碳之后，再由后续的好氧生物处理装置进行硝化。这种以 UASB 为主的厌氧——好氧串联工艺，同样可以达到脱氮的要求，并降低污水处理的基建投资和运行费用。

7.5 结 论

通过在常温条件下对 UASB 处理生活污水进行中试研究，可以得出如下结论：

(1) 在中温条件下用 UASB 处理低浓度的生活污水，完全可以培养出颗粒污泥。颗粒污泥的生成过程包括：絮状污泥阶段、絮团状污泥阶段、小颗粒污泥阶段、颗粒状污泥阶段和成熟颗粒污泥阶段。

(2) UASB 处理生活污水中的有机物效果很好，COD 的去除率在 52%～83%，出水的 COD 值小于 100mg/L 以下。SS 的去除率大于 95%，(即使在停留时间为 2h 时 SS 的去除率在 90% 左右)出水 SS 的浓度在 30mg/L 左右。

(3) 试验结果表明，UASB 处理生活污水的最佳停留时间为 5h。在常温的条件下用 UASB 处理生活污水是可行的。采用 UASB 反应器处理生活污水的基建投资不高于普通活性污泥法，而处理的运行费远低于普通活性污泥法的运行费用。对于要求脱氮的污水处理，UASB 反应器可作为预处理，在采用该技术高效低耗地去除了有机碳之后，再由后续的好氧生物处理装置进行硝化。

杨琦 施汉昌 钱易 清华大学环境科学与工程系
何建平 北京市城市节约用水办公室

8 内循环三相生物流化床处理生活污水的中试研究

内循环三相生物流化床是一类新型高效的流化床反应器,近年来在反应器流态、氧转移、生物膜的形成等理论及应用方面进行了深入研究。本研究是在污水资源化中试基地利用内循环三相生物流化床中试装置,对处理生活污水进行的试验研究,取得了令人满意的结果。为内循环三相生物流化床的中试和放大至工业规模的研究奠定了必要的基础。

8.1 主要设备、材料与方法

1. 主要设备及污水水质

内循环三相生物流化床:内循环三相生物流化床中试装置如图1-8-1所示。流化床总高度9.19m,内外筒直径分别为0.4m和0.6m,内筒高度为7m,反应区($A+B$)体积为$2m^3$,分离沉降区($C+D$)体积为$4m^3$,内筒底部微孔曝气装置由微孔钛板制成。

充氧设备:采用W-0.9/7型空气压缩机,长春空压机厂。

载体:选用粒径为0.3~0.8mm的陶粒,北京陶粒厂。

溶解氧测定:采用YSI-58型溶解氧测定仪直接测定。

2. 污水水质

生活污水取自清华大学1号楼污水泵房,pH值为6.5~8.3,COD为150~1000 mg/L,SS为120~440mg/L。

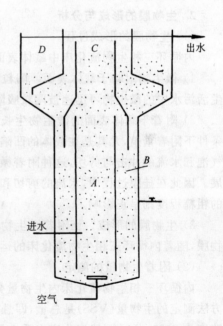

图1-8-1 内循环三相生物流化床示意图
A—升流筒;B—降流筒;
C—脱气区;D—沉降区

8.2 结果与讨论

1. 内循环三相生物流化床的工作原理

内循环三相生物流化床由反应区、脱气区和沉淀区组成,反应区由内筒和外筒两个同心圆柱体组成,微孔曝气装置设在内筒的底部。反应区内填充陶粒作为载体,为微生物生长和繁殖提供了巨大的表面积,从而提高了单位容积内的生物量。当压缩空气由曝气装置释放进入内筒(升流筒)时,由于气体的推动作用和压缩空气在水中的裹夹与混合作用,使水与载体的混合液密度减小而向上流动,达分离区顶部后大气泡逸出,而含有小气泡的水与载体混合液则流入外筒(降流筒),由于外筒含气量相对减少导致密度增大,因此,混合液在内筒向上流,外筒向下流构成内循环。内外筒混合液的密度差正是循环流化的动力。由于载体处于循环流化状态,从而大大加快了微生物和废水之间的相对运动,强化了传质作用,同时又可有效地控制生物膜的厚度,使其保持较高的生物活性,污水被处理后经沉降区分离沉降后,通过出水堰排出。

2. 生物膜的形成与分析

(1) 生物膜的形成过程。

内循环三相生物流化床中载体表面生物膜的形成过程可分为以下三个阶段:

1) 微生物附着于载体表面。陶粒是一种具有较强吸附能力的多孔物质,因此生活污水中的微生物可迅速被陶粒吸附,使其附着于载体表面及内部孔隙。

2) 附着于载体表面的微生物生长增殖。被吸附于载体表面的微生物在好氧条件下附着繁殖,尤其是在载体的凹陷处更有利于附着生物量的繁殖,因为可减少气泡和水流的冲击与剪切,这种附着微生物的增殖逐渐向载体颗粒的整个表面扩展。因此在挂膜过程中,水流的剪切和载体之间的摩擦作用呈负影响,而载体表面的粗糙程度则呈正影响。

3) 生物膜的形成。当附着微生物繁殖扩展至整个载体表面时便形成初生生物膜,随着内循环三相生物流化床的运行不断增长变厚、脱落与更新而逐渐成熟。

(2) 附着生物量的测定。

内循环三相生物流化床内生物量分为悬浮生物量和附着生物量两部分,常规方法测定的生物量(VSS)是总量,即悬浮和附着生物量之和,经测定总生物量平均浓度为 7.25g/L。既然流化床本质上属于生物膜工艺,因此对附着生物量这个反映内循环三相生物流化床处理能力的主要参数的测定显得尤为重要。本研究是在分离悬浮生物量的基础上,用重量法测定载体和附着生物量之和,再由 550℃ 灼烧减量求得附着生物量浓度和载体浓度,经多次测定附着生物量的平均浓度为 3.75g/L,载体浓度为 75g/L。为考察测定结果的准确度,将载体实测浓度与计算值进行了对照,按载体投加量 200kg 和循环流化区的体积(反应区和脱气区的体积之和)2.6m³ 计算载体的实际浓度为 76.9kg/m³,表明测定值与计算值基本一致。

3. 水力停留时间的影响

在内循环三相生物流化床挂膜成功达到稳定运行后,探讨了水力停留时间对处理效果的影响。在水力停留时间分别为 120min、60min、40min、30min,即进水水量分别为 1m³/h、2m³/h、3m³/h、4m³/h 的条件下连续运行,为获得可靠且稳定的结果,在每个水力停留时间下各自连续运行 5 天并测定出水 COD 值,测定结果见图 1-8-2。由图 1-8-2 结果表明,在水力停留时间为 120～30min、COD 为 150～800mg/L 范围内,COD 去除率达 75% 以上,且大多在 85%～90%,说明了内循环三相生物流化床具有较强的处理能力,而且可在较短的水力停留时间条件下运行,这对提高流化床的处理能力极为有利。为保证有较好地处理效果,在处理生活污水的正常运行中控制水力停留时间为 40 min,即进水流量为 3m³/h。

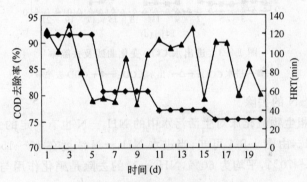

图 1-8-2　水力停留时间对处理效果的影响
—▲— 去除率；—◆— HRT

4. 供气量的影响

供气量的大小是影响处理效果的重要因素,既要满足微生物的好氧呼吸,又要保证载体的正常流化。本研究载体加入量为 200kg,由试验确定维持载体正常流化的最小供气量为 10m³/h。在实际运行中发现当供气量达 15m³/h 时,沉降区有少量气泡上浮,而且随供气量的增大明显加强,势必导致出水悬浮物浓度偏大。为保证流化床的正常运行和有着较好的处理效果,在正常运行时选择供气量为 12m³/h 较为适宜。

5. 运行结果分析

(1) COD 的去除。

内循环三相生物流化床进入正常运行后控制进水流量为 3m³/h,供气量为 12m³/h,运行结果如图 1-8-3 所示。由图 1-8-3 结果可看出,在进水 COD 浓度为

150~1000mg/L 范围内,COD 去除率均达 75% 以上,尤其是进水浓度较高时,去除率可达 90% 以上,表明了内循环三相生物流化床具有较强的抗冲击能力和对高浓度废水处理的优越性,此特点是由于内循环三相流化床有着良好的混合流态和较强的充氧能力,使进水中高浓度有机物迅速得到充分地稀释与降解。根据对进出水质的连续测定结果统计,进水 COD 平均浓度为 323mg/L,出水 COD 平均浓度为 33.4mg/L,由此计算 COD 平均去除率为 89.6%,以 COD 去除为基础的容积负荷为 10.4kgCOD/(m^3·d),以附着生物量计的污泥负荷为 5.4 kgCOD/(kgVSS·d),以流化床内总生物量计的污泥负荷为 2.8 kgCOD/(kgVSS·d),污泥龄为 3.4d,污泥产率系数为 0.21kgVSS/kgCOD。

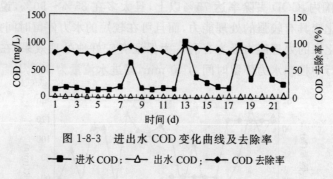

图 1-8-3 进出水 COD 变化曲线及去除率
—■— 进水 COD; —△— 出水 COD; —◆— COD 去除率

(2) NH_3-N 的去除。

内循环三相生物流化床对生活污水中的 NH_3-N 也有一定的去除作用,运行结果见图 1-8-4。由图 1-8-4 可知,当进水 NH_3-N 浓度在 10~15mg/L 范围内,去除率在 36%~70%,平均为 60%,NH_3-N 的去除是硝化作用与微生物同化作用的结果。

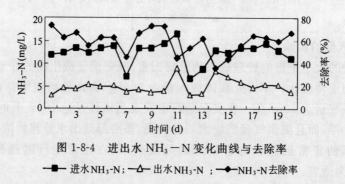

图 1-8-4 进出水 NH_3-N 变化曲线与去除率
—■— 进水 NH_3-N; —△— 出水 NH_3-N; —◆— NH_3-N 去除率

(3) 氧利用率。

在正常运行条件下,经测定出水溶解氧含量为 1.0~1.4mg/L,反应区溶解氧近饱和,根据合成系数法并利用进出水的平均浓度即可求出需氧量 R:

$$R = \frac{AQ(S_o - S_e)}{1000} + BXV$$

式中 A——降解每 kg COD 的需氧量,取 0.5;

B——污泥自身氧化率,取 0.15;

Q——污水日处理量;

S_o、S_e——分别为进出水 COD 浓度;

X——污泥浓度;

V——循环区体积。

供氧量:$G = Q_g \times 21\% \times 1.43$

式中 Q_g——日供气量;

21%——空气中氧的体积分率;

1.43——氧在标准状态下的密度。因此,代入有关试验数据,氧利用率便可求出:

$$氧利用率 = \frac{R}{G} \times 100\% = 13\%$$

(4) 降低出水 SS 的建议。

由于内循环生物流化床运行中载体之间的相互摩擦碰撞作用,可使较厚的生物膜不断脱落,从而保持了较高的生物活性。脱落的生物膜在沉降区逐渐聚集而形成一个相对稳定的污泥层,对新生成的污泥颗粒有着较强的吸附与拦截作用,可显著降低出水中的悬浮物浓度。当污泥层表面接近出水堰时则需排泥,污泥层的稳定程度取决于供气量的大小和供气量的稳定程度。在实际运行中对出水悬浮物浓度进行了测定,结果见图 1-8-5。

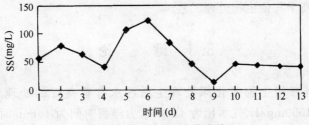

图 1-8-5 出水 SS 变化曲线

由图 1-8-5 可知,内循环流化床的出水悬浮物浓度偏高,一般在 25~120mg/L 之间、平均值为 60mg/L,使得出水 COD 值偏大。在对出水的监测过程中,考察了出水静置沉淀时间对悬浮物浓度的影响,每次取 200mL 水样,静置不同时间后取 100mL 上清液测定悬浮物浓度,结果表明在静置时间 30min 以上时,出水悬浮物浓度可达 20mg/L 以下。因此建议处理装置后接一个沉淀池,这对提高出水水质是十分有利的。

6. 流化床耗能分析

流化床的能耗来自于供水和供气。已如前述，由空压机提供的压缩空气不仅要满足微生物的好氧呼吸，而且要保证载体正常流化，为此对供气的能耗进行了分析计算。在正常运行的条件下，根据下式便可求出空气输入功率：

$$N = \rho g H Q / 1000$$

式中　ρ——反应区混合液密度，取 1000 kg/m³；
　　　g——重力加速度，9.8 m/s²；
　　　Q——供气量，m³/s；
　　　N——空气输入功率，kW。

代入有关数据即可求得空气输入功率为 0.294 kW。下面再按空压机进行估算，由空压机排出的压缩空气经贮气罐再送入流化床，空压机启动压力为 0.3 MPa，停机压力为 0.5 MPa，因此压缩空气按平均压力 0.4 MPa 计。流化床循环区高 9 m，进口压力按 0.1 MPa 计，那么贮气罐与流化床进口的空气压力差为 0.3 MPa，W-0.9/7 型空压机的容积流量为 0.9 m³/min，则相当于 0.1 MPa 的流量为 2.7 m³/min，而流化床所需的供气量仅为 12 m³/h 即 0.2 m³/min，因此每小时内空压机只需开机 0.2/2.7=0.074 h 即可。空压机配套的电动机功率为 7.5 kW，则相应的输出功率为：7.5×0.074=0.56 kW，再根据 3 m³/h 的污水处理量即可求出每处理单位体积污水的耗电量：0.56/3=0.19 kWh/m³。而供水能耗则由所用水泵的配套电动机功率（1.1 kW）可求出，因此每单位体积污水的供水耗电量为：1.1×1/3 = 0.37 kWh/m³。供水和供气的能耗之和即为流化床运行总能耗，所以，每处理单位体积污水的总耗电量为 0.56 kWh/m³，按工业用电 0.50 元/kWh 计，则每处理单位体积污水的费用为 0.28 元。由计算结果表明，内循环三相生物流化床的运行能耗不高于其他生物处理工艺。

8.3　结　论

（1）内循环三相生物流化床处理生活污水有着良好的处理效果。当进水 COD 为 150～1000 mg/L、气水比为 4:1、水力停留时间为 40 min 时，COD 平均去除率高达 89%，相应的 COD 去除容积负荷平均为 10.4 kg COD/(m³·d)。

（2）内循环三相生物流化床处理生活污水在启动运行时无需引进接种污泥可直接挂膜，操作方便，易于管理。

（3）内循环三相生物流化床充氧能力强，氧利用率达 13%。

（4）内循环三相生物流化床有着良好的混合流态且生物量浓度高，因而具有较强的抗冲击负荷能力，也适于较高浓度的有机废水的预处理。

（5）内循环三相生物流化床是一种高效低耗的生物反应器。

参考文献

1. 周平,钱易. 环境科学学报,1996,16(2):211-215.
2. R. Ade Bello. Biotechnology and Bioengineering, 1985,27:369-381
3. William J. Biotechnology and Bioengineering, 1986,28:1446-1448
4. F. Trinet. Wat. Sci. Tech., 1991,23:1347-1354
5. J. J. Heijnen. Wat. Sci. Tech., 1992,26:647-654
6. J. J. Heijnen. Wat. Sci. Tech., 1993,27:253-261
7. J. J. Heijnen. Wat. Sci. Tech., 1991,23:1427-1436

施汉昌　钱易　清华大学环境科学与工程系
刘红　何建平　北京市城市节约用水办公室
郑礼胜　山东建材学院应用化学系

9 良乡北潞春绿色生态小区生活污水回用示范工程研究

节约用水和污水资源化是解决我国水资源短缺的重要手段,中水的发展与回用是具体途径之一,这也是分质、节约、高效供水的内在要求。中水回用对我国的环境保护、水资源保护与开发、水污染的防治、经济的可持续发展将起到积极作用。

中水技术的发展要求发掘技术经济优化的处理工艺,并不断拓宽中水水源和服务对象。传统中水处理技术主要有以下特点:(1)通过生物手段解决中水原水中COD、BOD 的去除问题;(2)通过混凝、沉淀、过滤等物化手段满足中水的感观指标;(3)通过最后的加药消毒,来满足中水的卫生指标;(4)在中水水源的选择过程中,要考虑铁、锰、溶解性固体等无机指标,必要时要辅以相应的无机污染物质的控制手段。

在北潞春小区生活污水回用示范工程中,沿袭了传统的生化加物化的中水处理路线,采用具有设备化技术的内循环三相好氧流化床作为污水回用工艺的主体处理单元,系统出水指标达到了《北京市中水水质标准》的要求,实践出一条技术经济优化的中水处理工艺路线。

9.1 流化床技术介绍

三相流化床是化工技术中"流态化"与污水处理中生物膜法相结合的产物。好氧生物流化床是在生物膜法的基础上于 70 年代初发展起来的。在经历了传统三相生物流化床、外循环三相生物流化床之后,发展成为内循环三相流化床。内循环三相好氧流化床具有许多一般活性污泥法和生物膜法不具备的工艺特点,主要体现在有机负荷高,占地面积小,用较小的三相分离器代替传统的二沉池,就可以完成沉降速度快的脱落生物膜的固液分离作用。在占地紧缺的地区,该工艺具有良好的应用前景。这种反应器内部流体混合传质性能良好,氧的传质效率高,生物量大,耐冲击负荷,由于发生在反应器内部生物载体间的剧烈运动、碰撞,载体表面生物膜不断更新,不但可以有效控制生物膜的过度增长和载体流失,微生物也始终处于对数生长期,生物活性高,从而保证了反应器的高效处理性能。结构方面,内循环三相好氧流化床结构紧凑、合理,反应器的起始流态化易于实现,放大设计相对传统流化床也更容易。此外,内循环流化床不需要污泥回流,操作方便,运行稳定。

实际运行中,在一系列工程参数确定后,在稳定的处理负荷下,控制因素只包括合理的排泥。实际的系统运行还表明,该工艺运行成本低,不易发生活性污泥法中容易发生的污泥膨胀问题。图 1-9-1 是内循环三相流化床的示意图。

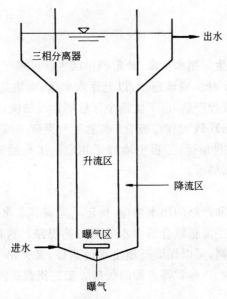

图 1-9-1 内循环三相流化床的示意图

9.2 示范项目概况

1. 项目简介

北潞园绿色生态小区生活污水回用工程,位于北京西南的良乡。该小区是我国第一个以可持续发展为目标,利用生态工程理论建立的生活小区,是国家建设部生态示范小区之一。

为了更好地实现"绿色生态"的功能,北潞春绿色生态小区要求专门建立生活污水回用工程,对小区内生活污水进行处理,处理后的出水水质需要达到《北京市中水水质标准》,可用于浇洒绿地、冲洗道路和景观用水、消防、洗车等,实现水的循环利用。这项工程建设,对北京市节水工作以及生活小区的污水回用将起到积极的推广和借鉴作用。

2. 设计水质水量

(1) 设计水质:

清华大学环境模拟与污染控制国家重点实验室对该小区的生活污水进行了包括 COD_{Cr}、BOD_5、SS、pH 等几项指标在内的水质分析,结果表明,该小区生活污水

水质属典型生活污水水质,浓度为:

COD$_{Cr}$:400mg/L
BOD$_5$:200mg/L
SS:220mg/L
pH:6.0

(2) 设计水量:

根据北京市居民生活用水标准,确定该小区生活污水回用工程的设计水量为:$Q=640m^3/d=26.7m^3/h$。应该指出,以上原水水量、水质是指工程设计阶段的污水排水状况,工程建成投产后,由于生活小区后期建设加快,用水量有较大增加,污水水量、水质也随之出现较大程度变化,水量甚至突破 800 m^3/d,COD 经常高达 500mg/L 上。针对这种情况,工程中增加了相应的工程措施(气浮+曝气生物滤池)以保证最终的出水要求。

(3) 工艺流程:

根据污水的特点和严格的出水指标,确定了先调节水质水量,再采用较先进的生物处理工艺和物化手段相结合的中水处理工艺思路。这样的工艺思路,即遵循了中水处理的一般原则,可以保证处理出水的达标,又突出了较新的工艺理念,体现出工艺先进、投资少、占地省等方面的优势。工艺流程见图 1-9-2。

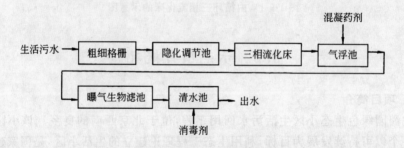

图 1-9-2 工艺流程图

如图 1-9-2 所示,生活污水首先经过粗细格栅,去除大块杂物,然后进入隐化调节池,由于生活小区内没有设置化粪池,所以隐化池的设置是必要的。经过水质水量的调节后,污水被提升进入内循环三相好氧流化床,完成主体的生化处理任务。气浮池的作用是去除由于流化床处于超负荷运行(前已提及,水质水量发生变化)而导致的出水中未沉淀的 SS,同时满足生物滤池的进水要求。生物滤池完成剩余的生化处理和 SS 去除任务,最后经过消毒工艺,实现达标出水。流化床和生物滤池产生的剩余污泥回流至隐化调节池,经沉淀后定期外运处理。

9.3 工艺运行

中水处理系统经过调试运行后,长期处于稳定运行状态,实现了北潞春小区的污水回用,目前每天实际处理水量约720t/d,表1-9-1表示了主要工艺单元的处理运行情况。

主要工艺单元的处理运行情况　　　　单位:mg/L　　表1-9-1

		流化床进水	气浮出水	生物滤池出水
COD	范围	386～796	49～75	21～50
	平均	520	59	32
BOD_5	范围	213～362	26～36	6～7.8
	平均	301	32	6.8
SS	范围	80～200	11～52	4～9
	平均	133	36	6.7

从污染物质去除情况看,流化床削减了主要的污染物质,气浮完成固液分离后,生物滤池最终完成剩余的生化降解和SS的去除任务,经过消毒单元后,系统出水水质完全达到《北京市中水水质标准》要求。

9.4 占地、投资及运行

1. 占地及投资

中水处理站主体工艺设备占地300m^2,其中内循环三相好氧流化床占地52m^2,流化床高度为17m。

包括污水处理站的土建、工艺设备、处理站外部管线、电力设备以及相关的人工、设计等费用在内的工程投资总计约180万元。以日处理废水720t计,吨水投资2500元。

2. 运行费用

目前,中水站日处理废水720t,年处理废水26.3万t。中水站的运行费用主要包括:电费、混凝和消毒药剂费用、污泥运输费和人工费。每吨污水处理费用约0.79元。

进行简单的经济效益分析可知,中水回用以前:生活用水每天720m^3,用于绿地浇洒以及景观用水的水量为720m^3。以上两项全部使用自来水,全年支出自来水费131.4万元。使用中水以后,由过去全部使用自来水到自来水和中水综合使用,不但每天节约用水720t,用水费用支出也由131.4万元降至73.4万元。

3. 环境效益

中水处理站正常运转后,小区污染物的 COD 排放总量从现在的 374kgCOD/d 减少到 23kgCOD/d,削减量达 94%,每年 COD、BOD、SS 的削减量分别达到 128t、77t、33t,避免了对附近生态环境的污染。

北潞春污水回用工程成功地对小区生活污水进行了中水回用处理,树立了小区中水回用的典范,对建立示范绿色小区有良好的促进作用。简要的技术经济分析表明,以内循环三相好氧流化床为主体处理工艺的中水处理技术路线是成功的,具有良好的发展前景。

汪诚文　陈吕军　　清华大学环境科学与工程系
张忠波　靳志军　　北京清华永新双益环保有限公司

10 一体化膜生物反应器中水净化装置生产性示范工程研究

在水资源匮乏的现实条件下,发展节水技术是必然的要求,其中中水技术的发展又是节水技术的发展方向之一,可以说,中水事业的发展已经被提高到中国供水历史上前所未有的战略高度。

目前,中水技术主要包括传统的中水处理技术和膜技术两大类,前者主要通过生化、混凝沉淀、过滤消毒等传统工艺手段满足中水指标要求,一定程度上采用了给水处理的工艺方式,技术成熟。膜生物反应器本质上也是生化处理和物化处理的结合,但工艺特点与前者有着本质的不同:利用膜组件的微滤或超滤性能,膜反应器的出水一般可以直接达到中水标准,而且工艺流程简单,管理方便。膜分离技术被公认为是20世纪末21世纪中期最有发展前途的高科技之一。

此项目在清华大学膜生物反应器中试研究的基础上,成功的将一体化膜生物反应器应用于中等浓度有机废水的处理,并使系统出水完全达到《北京市中水水质标准》。该技术在示范工程中的成功应用,为膜生物反应器技术在国内的发展应用建立了基础。

10.1 膜生物反应器技术介绍

膜生物反应器是20世纪七八十年代发展起来的一项污水处理新技术,是膜技术和生物反应器相结合的产物。它的根本特征是以膜分离技术代替传统的重力式固液分离,并由此产生了一系列独有的工艺特点。目前直接应用于污水处理并具有代表性的膜技术主要是一体式膜生物反应器。它以膜组件代替传统生物处理中的二次沉淀池,完成固液分离的功能,在生物污泥被膜截留在反应器内的同时,处理后的水透过膜外排。膜生物反应器的发展是沿着相互影响的几个方向进行的:(1)膜本身性能和膜组件的改进。膜本身的性能指标主要包括膜结构、膜孔尺寸、亲水性、化学稳定性以及机械强度等;(2)污泥特性的研究。这方面主要有污泥浓度、污泥絮体的结构及大小、溶解性细胞产物的降解、胞外聚合物的代谢、剩余污泥的排放等,主要目的是保证膜组件与活性污泥这两个处理污水的核心环节处于协调的工作状态;(3)运行条件的摸索。主要包括:确定合理的水力停留时间、曝气量、污泥负荷、控制膜阻力以及探求合理的反应器结构和膜组件布置方式以降低能耗,优化运行;(4)膜污染与反冲洗的研究。事实上,这4个方面一直是膜生物反应器的研究重点。图1-10-1是一体式膜生物反应器的示意图。

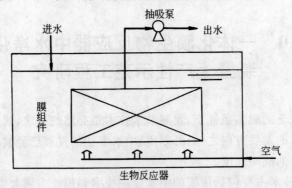

图1-10-1 一体式膜生物反应器的示意图

尽管目前膜生物反应器的工程应用还受到工程投资,长期稳定运行比较困难等方面的限制,但在污水资源化的大前提下,尤其是在国内膜生物技术的工程应用已经具备了相当的理论和试验基础后,在实际工程中应用这一具有充分发展前景的技术有重要意义。

10.2 示范项目概况

1. 项目简介

北京汇联食品有限公司是专业生产婴幼儿辅助食品的专业公司,生产基地位于北京天竺空港工业区B区内,在生产和生活过程中排放出污水。该污水主要来自生产中洗瓶、洗菜、煮菜等工序以及厂区的生活污水,虽然污水量相对不高,但污水浓度较高。本着节约用水和污水回用的原则,汇联食品公司希望对其所排放的全部污水进行深度处理,以满足中水回用标准。

2. 设计水质水量

(1) 设计水量:

根据北京汇联食品有限公司的要求,企业近期设计处理水量为$125m^3/d$,将来厂区扩建,扩大生产能力,污水量将达到$250m^3/d$,因此,本工程的设计水量为:$Q=125m^3/d=5.2\ m^3/h$。

(2) 设计水质:

本工程中待处理污水由包括厂区全部生活污水在内的多个生产工序的污水组成,属于中等浓度的生产污水。经清华大学环境模拟与污染控制国家重点实验室的检测,结果表明,待处理的废水平均浓度:COD_{Cr}:1458mg/L,BOD_5:849 mg/L,pH:6.0,水量相对较低,适合于生物处理,悬浮物较多。

(3) 工艺流程：

根据现场情况，在考虑了工艺流程简单，运行管理方便，占地省等因素之后，确定了先调节水质水量，再应用一体式膜生物反应器的工艺思路。这样既可以保证处理出水的达标，又可以避免不同工序的污水分别处理时所带来的投资大、设备复杂、管理不便的问题，并且克服了占地等因素的限制。具体工艺流程如图 1-10-2。图 1-10-3 是膜生物反应器的实景图片。

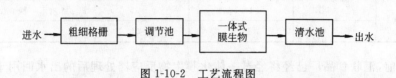

图 1-10-2　工艺流程图

图 1-10-3　膜生物反应器的实景图片

污水进入调节池后先调节水质和水量，而后污水被提升进入膜生物反应器。污水先后经过缺氧区和好氧区处理。在缺氧区，污染物质经过初步的生物降解，并改善污染物质的可生化性。在好氧区，污染物质基本上被全部降解和转化。好氧区内设有起过滤作用的膜组件，该组件由中空纤维组成。膜组件与出水泵连接，在泵抽吸力的作用下，好氧区的污水和小分子物质通过膜表面，成为系统出水，而活性污泥、细菌以及大分子有机物等物质则被截留，其中的污染物质留待进一步降解。

为简化管理，反应器设置了自控系统和液位报警系统，保证了系统运行的稳定性；针对必然要发生的膜污染问题，膜反应器设置了在线化学反冲洗装置和膜外浸泡反冲洗装置以满足反应器的周期运行。

10.3　工　艺　运　行

1. 运行概况

经过一个月的工程调试，系统进入正常的运行。每小时处理水量 5t，系统出水完全优于《北京市中水水质标准》。表1-10-1表示系统正常运行阶段的处理情况。

系统正常运行阶段的处理情况　　单位 mg/L　　表1-10-1

		COD	BOD$_5$	SS
进水	范围	92.5～694	65～299	76～552
	平均值	283	169	216
出水	范围	5.4～18.4	<5	未检出
	平均值	14.5	<5	

目前,汇联食品厂已经将经过一体化膜生物反应器处理后的出水回用于绿化、浇洒。

2. 膜污染与膜清洗

膜污染是膜反应器运行的必然结果。当系统运行中跨膜阻力较大时,为保证系统能耗的降低和系统处理的长期有效性,必须对膜组件进行反冲洗,实现周期性的运行。膜污染的问题实际上是膜反应器运行的核心问题。反冲洗分为在线化学反清洗和膜组件浸泡清洗两种方式。在膜生物反应器运行的一年多时间里,分别进行了化学在线清洗和膜组件浸泡清洗,均取得了良好的清洗效果。

10.4　占地、投资及运行

1. 占地和投资

包括二期工程在内的汇联污水处理站总占地面积216m^2,膜反应器主体结构占地面积为33.2m^2。有效体积为80m^3。

工程投资主要包括待建二期工程在内的污水处理站的土建、工艺设备,处理站外部的管线,电力设备和相关的人工、设计、调试等费用。受二期工程投资的影响,加上价格较高的膜组件,工程总投资相对较高,共计100万元。吨水投资为8000元。

2. 运行费用

污水站发生的运行费用包括:电费、反冲洗药剂费用、污泥运输费和人工费(不包括日常维修)。吨水处理成本共计1.5元,其中电耗支出占主要比例。

北京汇联食品有限公司的废水经过一体化膜反应器系统处理后,直接用于绿地浇洒,节省了大量自来水,同时由于出水水质远优于排放指标,所以汇联公司被免除了排污费1元/t污水,这样每处理一吨污水并回用于绿地,实质减少了3.9元的用水支出。与处理一吨废水的支出相比,每处理一吨污水,相当于节约支出2.4元,全年节约9万元。

从系统的实际运行结果看,膜反应器具有处理稳定,系统出水水质优、感观好的优点。综合技术水准达到了国际先进水平,代表了污水处理的一个方向。

汪诚文　陈吕军　清华大学环境科学与工程系
张忠波　　北京清华永新双益环保有限公司

11 酵母菌处理黄泔水的试验研究

"酵母菌"(yeasts)一般是指以芽殖为主、形态结构简单的一类真菌。属单细胞蛋白(SCP),这些菌体蛋白中含有丰富的蛋白质、多量脂肪、醣、无机盐及各种维生素。SCP除了能作为抗菌素和各种工业发酵制品的培养基外,还可用作价值高的高蛋白补充饲料。目前SCP占世界所产蛋白质总量的3%～5%,大部分作为饲料添加剂。通常生产一吨干酵母菌需要五吨粮食为原料,而豆制品生产过程中排放出的黄泔水,COD_{Cr}一般可达20000mg/L以上,其中含有多种能满足微生物生长的营养要素,如表1-11-1,表1-11-2所示。

黄泔水的组成(平均值) 表1-11-1

项目	COD	BOD_5	SS	VSS	pH	TKN	NH_3-N	PO_4^{6-}-P	VFA
mg/L	22000	9500	1512	1170	4.5	1066	48	11	257

主要营养要素 表1-11-2

总 糖	还 原 糖	总 酸	粗 蛋 白 质
0.38%	0.1%	1.8%	0.13%

若能利用酵母菌处理该废水,不仅能够使黄泔水得到初步处理,而且还能回收可观的SCP,这样对环境治理及缓解世界粮食短缺方面都将做出贡献。

利用酵母菌处理高浓度有机废水,已有二三十年的历史,并取得较为理想的效果。我们在处理北京某豆制品厂废水时,采用酵母菌对黄泔水进行预处理。

11.1 筛选试验用酵母菌株

(1) 采用豆制品黄泔水为原料,对所选的六种菌种及其不同组合通过150/250mL和1500/3000mL小试,筛选出了适合处理豆制品废水的优势酵母菌组合1+2(热带假丝酵母2.637+产朊圆酵母2.1001),接种体积比为1∶1效果最好,不仅COD去除率较高,而且所获得的干菌体蛋白含量也比较高(40%以上),是一种优良的动物饲料。

(2) 试验结果表明,不同酵母菌菌体产率基本是随着污水中COD去除率的升高而增加。

11.2 小型试验研究

1. 试验目的

主要对试验温度及培养时间、pH 值、菌体接种量以及发酵培养液是否灭菌、废水中 COD 负荷等因素对酵母菌处理黄泔水的影响情况进行试验、研究。以探讨利用酵母菌在自然条件下处理黄泔水的可行性。

2. 试验用菌种

组合菌株:热带假丝酵母(2.637)+产朊圆酵母(2.1001),接种体积比为 1∶1。

3. 试验结果

(1) 温度和培养时间的影响:

COD 去除率和干菌产率一般是随着培养温度升高而升高,随着培养时间的延长而增加。当培养时间在 14h 以内时,温度对 COD 去除率的影响比较大。但是培养时间达 18h 以后,不同温度(20～35℃)下的 COD 的去除率差别不大,说明温度对去除率的影响显著变缓。不同的培养温度,相对应有最佳培养时间,一般说来,培养温度高,所需培养时间短,20～25℃时,比较适合的培养时间为 18h;30～35℃时,比较适合的培养时间为 10h,温度低于 15℃时,对酵母菌降解废水中的 COD_{Cr} 的影响较大,即使培养时间延至 24h,COD_{Cr} 去除率仍很低。

(2) pH 值的影响:

pH 在 4～7 范围时,酵母菌对废水中有机物的去除能力(COD 去除率)及干菌产率受 pH 值的影响不明显。采用不同浓度的原水水质(COD 分别为 19400mg/L,22720mg/L),相同的培养时间(24h)及温度(30℃)进行试验,试验结果表明,不同的原水浓度时,pH 值对酵母的降解规律影响是相同的;第三组在常温(20℃)培养时间为 18h 条件下试验,其结果与 30℃下第一、第二组试验结果吻合。因此利用复合酵母菌处理黄泔水,pH 值在 4.5～6.5 范围内。不必进行 pH 值调节。

(3) 接种量的影响:

接种量 COD_{Cr} 去除率及干菌产率的影响不明显,随着培养时间的延长(培养时间达 24h 时),接种量大时,其 COD 去除率及干菌产率反而较接种量小时低。建议试验采用 10% 的接种量。

(4) 灭菌与不灭菌的对照试验:

灭菌与不灭菌对废水中 COD_{Cr} 去除率影响不大。经镜检相比,不灭菌时,反应混合液中杂菌很少。可以认为,利用酵母菌对豆制品废水(黄泔水)进行处理时,该废水不必进行灭菌。

(5) 不同负荷及不同水力停留时间对 COD_{Cr} 去除率的影响:

1) 在相同培养时间下,进水 COD_{Cr} 值越高,其干菌产率也越高,且在一定的培养时间内随着时间的延长而升高。

2）不同进水 COD_{Cr} 值（13291～22751mg/L）时，其去除率差别不大，而且在培养时间为 20h 左右时，其 COD_{Cr} 去除率升高开始比较缓慢。据此，我们可以得出结论，即当在常温下处理黄泔水时，反应器中的水力停留时间可取 20h 左右时。

3）同时可以看出，采用酵母法处理高浓度有机废水，其耐有机负荷冲击能力强，COD_{Cr} 值从 1.3 万 mg/L→2.3 万 mg/L 时，均得到了良好的 COD_{Cr} 去除率，关键是保证必要的水力停留时间。

11.3 中型试验

1. 试验目的

通过扩大规模试验，在与实际运行条件相似情况下，进一步考察酵母菌处理黄泔水的去除率及主要影响因素。并对采用酵母菌处理黄泔水进行动力学研究，为生产规模的反应器设计及运行控制提供可靠的参数。

2. 试验条件

（1）试验材料：

试验用水同前（由豆制品生产工艺排放的黄泔水储存在调节槽中），原污水不作任何预处理（不调节 pH 值，不进行灭菌处理），由泵直接打入曝气池反应区内。

（2）菌种：

采用复合菌株：热带假丝酵母（2.673）＋产朊圆酵母（2.1001）（体积比例为 1∶1），接种量为 10%。

（3）实验设备及环境：

试验采用反应器为圆形完全混合型表面曝气-沉淀池，总体积为 98L，其中反应区体积为 48L。其结构示意图如图 1-11-1 所示。

3. 试验结果

（1）不同进水 COD_{Cr} 负荷情况下的试验结果。

采用该种复合酵母菌株处理黄泔水的负荷率比较高，当进水 COD_{Cr} 浓度在 15374～25392mg/L 范围内，其 COD_{Cr} 容积负荷率可达 16.77～27.7kgCOD/$(m^3 \cdot d)$，污泥负荷率达 5.84～8.7kgCOD/$(kgMLVSS \cdot d)$，BOD_5 容积负荷率也高达 7.56～16.62kgBOD_5/$(m^3 \cdot d)$ 以上（BOD_5/COD＝0.45～1.6）。

（2）不同停留时间的试验结果。

停留时间是设计反应器的一个重要参数，它直接关系到处理单元体积的大小、处理效率的高低以及影响到基建投资和运行费用。结果表明停留时间从 29h 降低到 24h 时，COD 去除率下降不多，仅下降 1.3%，而从 24h 减少到 16.5h 时，去除率明显下降，降低了近 10%。所以，对于常温（20℃左右）条件下，利用酵母菌处理豆

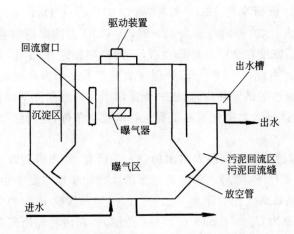

图 1-11-1 圆形表面曝气池-沉淀池结构剖面示意图

制品废水时,其停留时间应控制在 17h 以上,否则去除效果明显下降。

4. 效益分析

以中试数据为依据,选某豆制品厂为例进行效益分析:

豆制品生产厂规模为:黄豆用量为 1.2 万 kg/d,日生产盒豆腐 24~27t/d,北豆腐 7~10t/d,生产用水量为 300t/d,每日排放黄泔水约为 30t,其中 COD_{Cr} 浓度为 20000~25000mg/L。每年排放黄泔水总计约 9000t(以年 300 工作日计),年排放有机污染物(以 COD_{Cr} 计)约 180t。利用酵母处理黄泔水工艺 COD_{Cr} 去除率在 67% 以上,处理后出水 COD_{Cr} 浓度可降低到 7000mg/L 左右,则每年可减少有机污染物排放量约 117t。而且利用酵母处理黄泔水的同时,可回收相当数量的酵母菌体。据中试结果,每处理 $1m^3$ 黄泔水可回收干菌体 3kg 以上,其蛋白含量保持在 50%,是一种品质优良的饲料蛋白。按照目前市场最低价,每吨该饲料售价 2000 元计,则每年处理 $1m^3$ 黄泔水可回收价值 6 元以上的饲料用干酵母。

11.4 结 论

(1) 利用小试(150/250mL 三角烧瓶)和扩大小试(1500/3000mL 三角烧瓶),筛选出了适合于处理豆制品废水的优良酵母菌组合(热带假丝酵母+产朊圆酵母),其体积比为 1∶1。在 20℃下培养 18h 的 COD_{Cr} 去除率与 30℃培养 10h 的效率相当,酵母菌体产率基本是随着 COD 去除率的升高而增加,所获得酵母菌干菌体中蛋白含量在 50% 以上,为品质优良的饲料蛋白。

(2) 通过小型试验获得在自然条件上(不调节原污水 pH 值、不灭菌、常温)利用酵母菌处理黄泔水的可行性及主要控制参数。

(3) 利用总体积为 98L 的中型试验对豆制品废水进行连续运行处理(自然条

件下)。进水COD负荷率在16.8～27.7kgCOD/(m³·d),COD_{Cr}浓度20000～25000mg/L范围内,水力停留时间为22h时,其COD去除率稳定在67%以上,即处理后出水COD_{Cr}浓度在7000mg/L左右,干菌产率稳定在3.1g/L以上,蛋白含量均在50%以上。由此可见,酵母菌处理废水工艺不失作为高浓度有机废水预处理的有效手段。通过中试设备运行,进一步证明了在自然条件下,利用酵母菌处理黄泔水的可行性,这将大大简化实际工程运行的控制条件,运行结果证实了该处理工艺的实用性。

(4) 通过酵母菌降解豆制品黄泔水的动力学研究,初步得到以下参数:

1) 在本试验条件下,酵母菌降解黄泔水的生物化学反应属于中等强度浓度的混合级反应。其基质最大比去除率$V_{max}=5.7/d$,饱和常数$K_s=712mg/L$。

2) 污泥负荷率为$U_s=(4.63～6.75)/d$范围时,其污泥理论产率$Y=0.293$mg微生物/mg基质,衰减系数$K_d=0.573/d$。

(5) 利用酵母菌处理黄泔水,这样豆制品厂每年可减少有机污染物的排放量,减少了豆制品厂总排放废水的处理负荷,对保护环境作出贡献,同时又将废水中的污染物回收利用,实现资源再生,会获得一定的经济效益。

吴之丽　　北京工业大学

12 肉制品加工企业污水回用技术研究

12.1 制品加工行业现状及前景分析

随着国民经济的高速发展和人民生活水平的不断提高,我国肉制品加工业得到突飞猛进的发展。2000年我国肉类总产量为6046万t,居世界第一位。另据联合国粮农组织的数字,1999年全球肉类总产量为22117万t,其中中国为5953万t,占26.9%。按照1999年的排名,居第二、三位的美国和巴西的产量之和只约为我国产量的84%。从1979年以来的20多年,我国肉类生产的增长速度也是世界上少有的,年平均递增速度超过了10%。1985~1999年的14年间,全球肉类总产量一共增长了9103万t,其中3866万t出自中国,占同期世界肉类总增量的42.5%。由此可以看出我国肉类加工业所取得的辉煌成就。

结合我国加入WTO后有利于扩大肉类产品出口的新形势,我国将以提高食品工业技术水平、经济效益和确保食品质量与安全为目标,加强食品安全监管力度和食品质量安全检测体系建设,促进食品工业可持续发展作为"十五"计划期间食品工业发展的指导思想,将肉制品加工业发展的重点放在大力发展冷却肉、分割肉和直接食用的各类熟肉精制品,逐步提高熟肉制品在肉类消费中的比重。要建立和完善肉类生产全过程的安全质量保障体系,全面展开质量体系认证,特别是危害分析和关键点控制技术(HACCP)质量保障体系,保障肉类食品的安全与卫生,增强参与国际竞争的能力。大力开展节水产品的开发和应用,减低单位产品的能耗水平;建立污染物处理设施,搞好环境保护,保证全行业的可持续发展。

12.2 肉制品加工废水的特点及危害性

肉制品加工废水主要来自加工过程中的冻肉解冻水以及设备冲洗和原辅料的滴洒水。废水的水质与生产厂家的生产工艺及产品有关。若生产厂家只生产西式产品,则肉制品加工废水中主要含有油脂、血脂;若生产厂家生产中式产品,则肉制品加工废水中除含有血脂、油脂外还含有胃肠溶物。肉制品加工废水的COD值一般在400~600 mg/L之间,属低浓度有机废水,其pH值变化范围在6~8.5之间,SS值在450~2000mg/L之间。

肉制品加工废水主要污染物有：
(1) 漂浮在水中的固体物质，如碎肉、骨屑、畜毛等；
(2) 悬浮在水中的油脂、蛋白质、淀粉胶体物等；
(3) 溶解在废水中的糖、酸、碱、盐类等；
(4) 来自原料携带的泥沙、动物的粪便等。

肉制品加工废水用水量根据解冻方法不同，差异很大。当采用清水解冻冷冻肉的工艺时，耗水量可达 $25\sim30m^3/t$ 原料肉以上；当采用空气解冻时，耗水量为 $2\sim4m^3/t$ 原料肉。北京地区绝大多数采用清水解冻，耗水量极大，以北京市每天消费肉制品 500t 计算，产生的肉制品加工废水可达 12500～15000t。

肉制品加工过程向外界环境排放大量的水污染物，这些水污染物的主要危害是使水体富营养化，使藻类过度生长，迅速消耗水中的溶解氧，造成水体内缺氧，引起鱼类和其他水生物死亡。由于富营养化而滋生大量藻类，水面漂浮的油脂、粪便、畜毛使水体外观遭到严重破坏。还将促使水底沉积的有机物在厌氧条件下分解，产生臭气恶化水体，污染环境。在加工过程中冲洗动物胃肠，带出大量排泄物，使废水中可能含有致病菌，如不经处理任意排放，会导致疾病传播，直接危害人畜健康。故对肉制品加工业的排放要有严密的防范措施。

12.3 研究目的

(1) 采用回用水技术使污水无害化，防治水污染，减少水污染物的排放，避免受纳水体富营养化，以及导致疾病传播，直接危害人畜健康的现象发生。

(2) 开展肉制品加工废水回用技术的研究，将肉制品加工废水进行有效的回用，促进北京市的节水工作，缓解北京市用水紧张的局面。

(3) 使水回用技术能够为肉制品加工企业减低生产成本，提高产品市场竞争能力创造条件，在取得环境效益的同时，取得更好的经济效益，实现环境效益与经济效益的统一。

12.4 主要研究内容

1. 肉制品加工废水降解规律的研究

由肉制品加工废水的水质特点可知，废水的可生化性较好，极易生化降解。所以，本课题开展了废水自降解规律的研究。

这项试验是在小型试验装置配水槽中进行的。采用高位水箱回流方式，经过回流，废水中的有机污染物得到降解，为使自降解规律的研究具有普遍意义，对普通肉制品加工废水分两组进行试验。在固定的时间间隔内，对水质进行监测，试验结果见图 1-12-1。

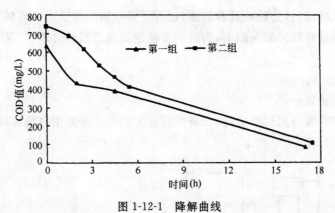

图 1-12-1 降解曲线

从图 1-12-1 可知：肉制品加工废水的可生化性极好，两组曲线遵循一定的规律：在自降解过程中，前 6hCOD 值呈明显的下降趋势，COD 去除率在 50% 以上，6h 后降解趋势趋于平缓。由以上降解规律可知：肉制品加工废水处理过程中，调节池的调节时间以 6h 最为经济，废水在调节池中的自降解可大大减轻后续工艺的处理负荷，同时减少投资和降低能耗。

2. 污水处理工艺流程的确定

由肉制品加工废水的水质特点和自降解规律可以看出：肉制品加工废水的主要污染物是有机物，可生化性极好，适合采用以生物处理为主的处理方法，结合回用水水质标准要求，确定所采用的工艺为：

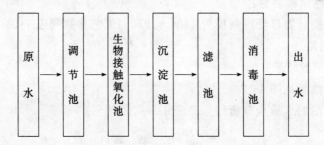

主要工艺参数确定：

根据肉制品加工废水的水质特点确定工艺参数，见表 1-12-1。

工 艺 参 数 表　　　　　表 1-12-1

工 艺	参 数	工 艺	参 数
调 节	6h	沉 淀	1.5h
生物接触氧化	6h	过 滤	8m/h

3. 工艺流程合理性研究

工艺流程确定后,为验证其合理性,进行了实验室小型动态模拟试验研究。在小试试验取得良好效果的基础上,为进一步确定处理工艺的合理性,又进行了生产性试验研究。

(1)小试试验:

小试阶段装置:

为方便观察设备的运行情况,设备按照确定的工艺参数由有机玻璃加工而成。示意图见图1-12-2。

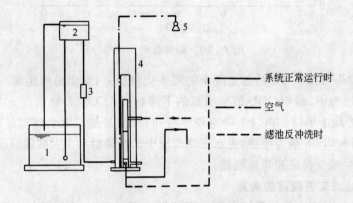

图 1-12-2 小试装置图
1—配水槽;2—高位水箱;3—流量计;4—套筒式污水处理装置;5—空压机

(2)生产性试验装置:

生产性试验装置日处理规模为150t。处理的工艺参数同表1-12-1。

4. 试验结果

(1)小试试验结果:

小试试验结果见图1-12-3。

小试处理后的水质全分析结果见表1-12-2。

水 质 分 析 表　　　　　　　　　　表 1-12-2

项 目	监 测 数 据	
	第 一 组	第 二 组
COD(mg/L)	26	29
BOD(mg/L)	2	5
SS(mg/L)	<5	<5
色度	5	4
游离余氯(mg/L)	3.0	0.60
pH	7.1	7.3

续表

项 目	监 测 数 据	
	第 一 组	第 二 组
嗅	无不快感觉	无不快感觉
细菌总数(个/mL)	20	78
总大肠菌群(个/L)	<3	<3
阴离子合成洗涤剂(mg/L)	1.3	1.5

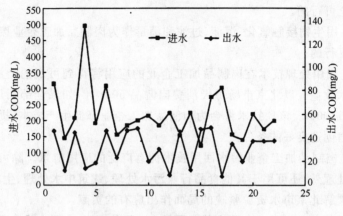

图 1-12-3 小试试验结果

从水质监测结果来看,小试装置经过十个月的长时间运行,处理效果稳定,COD 去除率高,出水 COD 均在 50mg/L 以下,最低可达到 10mg/L 左右,完全可以达到中水水质标准,无超标现象产生。水质全分析结果说明:处理后的肉制品加工废水,完全可以达到《中水水质标准(北京市)》要求。

(2) 生产性试验结果:

生产性试验结果见图 1-12-4。

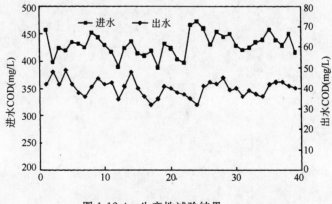

图 1-12-4 生产性试验结果

从生产性试验结果可以看出,虽然处理规模比小试阶段增大很多,但处理后出水 COD 值与小试结果相似,均低于 50mg/L,处理效果稳定,出水 COD 可以满足《中水水质标准(北京市)》要求。

12.5 研究结论

(1) 肉制品加工企业废水,属低浓度有机废水,可生化性极好,作为回用水水源是完全可行的。

(2) 用生物接触氧化、沉淀、过滤和消毒作为肉制品加工企业废水回用的处理工艺是可行的。

(3) 回用处理技术在肉制品加工企业的应用将得到可观的经济效益、环境效益和节水效益。以北京市场每天消费肉制品 500t 计,如果全部回用,每天可节水 12500~15000t。该项技术将会为肉制品加工企业降低生产成本,提高产品的市场竞争能力创造良好的条件。

(4) 肉制品加工企业污水回用技术拥有广泛的应用前景。除可用于肉制品加工废水处理外,还可用于其他食品行业污水处理、建筑中水处理、生活污水处理等,能够为缓解北京市水资源紧缺的局面作出应有的贡献。

王守伟　万波　赵燕　　中国肉类食品综合研究中心
何建平　孟光辉　高原　　北京市城市节约用水办公室

13 生化制药废水的处理与回用技术研究

我国水资源短缺已成事实,因此发展节水农业、节水工业、节水型社会势在必行。我国用水量平均每年以5%的速度增加,而污水排放量以7.7%的速度递增,这就加速了水资源的危机与匮乏。有关研究表明,$1m^3$ 污水将需要 $10m^3$ 净水稀释,而我国每年污废水排放量在360亿 m^3 左右,那么我国每年将有3600亿 m^3 水源因遭受污染而不能使用,为此必须想方设法控制工业与城市排污。截污水之流就是增净水之源,鼓励水的再循环、再利用,达到既净化水质又减少净水用量的目的,这也是经济持续发展的趋势。高浓度有机废水是严重的污染源之一,为此我们选择了生化制药废水处理技术及回用研究作为研究课题。废水来源于北京生化制药厂,它是一种平衡血脂类药物"洛伐它汀"生产过程中排放的污水,这种废水含有较高浓度的有机物,它的排放会造成水体的严重污染,因此我们认为研究这一废水处理与回用技术是很有意义的。

13.1 主要研究内容

大量国外资料表明,高浓度有机废水采用优势菌种降解,这是国际上生化处理研究的内容之一,1993年美国已有近2000种优选菌种分离出来,以适应不同种类污染物的降解。这种方法的优点是:(1)污水在高浓度下进行处理;(2)筛选的优势菌种大大提高了处理效率;(3)减小了处理设备,使设备小型化、系列化。水被处理之后,使污泥不会造成二次污染,变无用为有用,这也是一些国家研究的热门课题。在此项目中,我们优选出适用于降解有机物的光合菌种,用来处理"洛伐它汀"制药废水,以废水中的营养成分使光合菌增殖,增殖后的大量菌泥又可作为饲料,加以综合利用。

本项目的研究内容:

(1) 优化的光合细菌(photosynthetic bacteria,以下简称PSB)处理"洛伐它汀"废水的可行性及效果。

(2) 光合菌处理污废水以后,菌体得到了增殖,存在于水中的大量的光合细菌通过超滤膜过滤,滤后水回用的可行性研究。

(3) 菌泥综合利用的可行性研究。

根据以上内容,我们确定的初步工艺是:

生化制药废水→PSB处理→超滤→出水→排放/回用

13.2 研究过程及方法

本项目研究主要分两步进行,第一步是静态的小型试验,第二步是动态试验。静态试验的目的是观察此类废水对光合细菌生长的影响,以确定光合细菌工艺处理此类废水的可行性,所用菌种由北京工业大学土木系微生物研究室提供。在第一步静态试验中包括以下内容:光合细菌在废水中的生长是否受到抑制;初步摸索光合细菌的工艺条件;超滤膜膜材料的选择。通过静态试验,我们认为这种废水可生化处理性较好,对光合细菌生长基本上没有抑制作用。利用光合细菌来处理这种废水是可行的。

在试验过程中,对每段进出水的溶解氧,COD、BOD 等进行了化验,并采用血球计计数法对光合菌生长数量计数,用显微镜及时观察光合菌生长活性及是否有变异情况。

在选膜的试验过程中,使用原液接种,培养纯的光合菌菌液,重点观察各种膜材料对光合细菌的截留情况,同时也测试了水通量,并对进出水的 SS 和 COD 进行了化验,通过静态试验确定了如下的工艺:

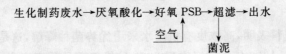

在静态试验中,除了为确定工艺所作的试验外,还作了试验条件的优化,针对影响光合细菌生长的主要因素作了试验,如稀释率"D",光照强度与溶解氧,废水的酸化度、水温,水的 pH 值,水的营养条件等。通过优选试验认为水的 pH 值及挥发酸对光合菌工艺去除 COD 影响较大,试验结果表明,该废水的 pH 值可以不进行人为调整。光合菌工艺运行过程中需使厌氧出水的挥发酸保持较高水平(大于 1000mg/L)。

第二步动态试验主要进行了光合菌工艺试验和后续的超滤试验,并作了生物相观察。在动态试验中,我们针对回流菌液比例,进水 COD 浓度,废水在 PSB 反应柱中停留时间,PSB 反应的级数进行了试验,从试验数据看出,较为稳定的处理工艺为:

废水在厌氧柱内停留期间,COD 的变化很小,而挥发酸的浓度则明显升高,这说明在厌氧柱内含有的产酸微生物作用下,废水中的很多大分子物质转变成了小分子物质,从而为光合细菌的生长创造了非常有利的环境。

废水进入四级 PSB 反应柱后,COD 得到了有效的降解,确定的回流比为63%。整个系统总水力停留时间为112h。在试验过程中,通过对总挥发酸(TVA)变化的分析和微生物的观察,我们认为,PSB 工艺对 COD 的降解是光合细菌与其他产酸菌协同作用的结果。

13.3 解决的几个技术难点

目前一些发达国家的生化处理趋向于利用优势菌种,提高被处理液的浓度,减小处理构筑物,这在投资费用、日常运行费用、处理效率上远优于自然菌的处理,为此我们确定了以上工艺来处理生化制药废水,以达到净化水质并探讨回用于制药工艺的可能性。在这一工艺中,解决的几个技术问题如下:

1. 这种废水对光合细菌的生长有没有抑制作用

从理论上推断,采用光合菌处理有机废水是可以的,但对这种制药高浓度废水尚未有人作过。在我们的研究中,选择了各种浓度的废水进行试验。静态试验证明,这种废水的各种浓度对光合细菌的生长和活性都没有抑制作用,那么我们选择这一菌种来处理这一高浓度有机废水是完全可行的。

2. 影响光合细菌生长的主要因素

光照强度、溶解氧、废水的酸化程度、水的 pH 值等都能影响光合细菌的生长,为了确定这些因素,我们作了大量的静态试验,包括单因子、双因子及多因子情况,确定了主要影响因素的最佳值。

3. 增长后的光合细菌如何沉淀

光合细菌在处理了废水中的有机物以后,本身得到了大量的增殖,这些光合细菌如何从水中分离出来或沉淀下来,使其成为菌泥,以利于综合利用,为此我们首先进行了投加混凝剂的试验,主要采用的是无机混凝剂,因为沉淀下来的菌泥还要综合利用,选用的混凝剂尽量不要有毒性或对生物有害。试验中先后选用了近十种,有国产的,有进口的产品,沉淀效果均不好,很难沉淀下来,如果无法分离,水就不能回用,菌泥也无法利用。经过我们反复了解光合细菌的特性及在显微镜下观察,认为对水质处理效果较好的是红螺菌种下的一些光合细菌,红螺菌科的光合菌主要特征是细胞呈螺旋状,以二分分裂方式进行繁殖,从观察光合菌在处理液中的形态,能看出光合菌区别于其他生物处理方法所用菌科的显著特点是它们既不形成菌胶团,也不形成颗粒污泥,而是以极生鞭毛做个体的游动。因此,应用光合细菌工艺处理后的出水中有大量的浮游的细菌菌体,由于有极生鞭毛做个体游动,故很难用投加混凝剂的方法使其沉下,经过反复的试验研究,我们找到了采用超滤膜过滤菌体的方法,其效果十分理想。

4. 超滤膜材料的选择

菌体污染(如出现噬菌体)对生化制药厂的正常生产是致命的打击。因此,其回用水(如用作生化制药中的冲洗板框),水质要求的重点是无菌,对COD等其他物化指标则较为宽松,另外光合细菌个体较小,经过纯培养的球形红假单胞菌的成体细胞直径在 $0.3\sim0.5\mu m$ 左右,显然使用微滤难以保证对光合细菌的百分之百的截留。基于以上原因,在光合细菌生化处理后,决定直接采用超滤工艺。目前的超滤膜材料分为无机类和有机类,无机超滤膜是在我国近几年发展起来的,它有很多优点,如无机陶瓷膜不怕酸碱腐蚀,能在恶劣的理化条件下工作,而且不受微生物的影响,但是由于目前能提供的无机陶瓷膜其截留分子量与我们所需要的不一致,达不到所截留物的要求,所以决定采用有机膜。在有机膜中分别对三种膜材料——聚砜膜、磺化聚砜膜和聚砜酰氨膜进行了筛选,主要从水通量和对菌体的截留情况进行优选。经过试验看出,磺化聚砜膜的性能明显优于聚砜膜和聚砜酰氨膜。因此,工艺试验采用磺化聚砜膜。

13.4 主要成果及结论意见

该项目经静态、动态试验研究,已证明"洛伐它汀"生化制药废水采用光合细菌处理是可行的。由于对菌种进行了优化,有机物降解效果好,采用厌氧酸化——串联四级好氧柱——超滤组合处理生化制药废水,当进水COD平均为6900mg/L时,出水COD为300mg/L,COD去除率可达到95.7%,增殖后的光合细菌用超滤法过滤,可将光合细菌全部截留,保证回用水无菌的水质要求,光合菌液经超滤工艺后,使菌液浓缩,有利于菌液的再利用。

本课题使用光合细菌——超滤技术处理生化制药废水,综合考虑了水质处理与水的回用,以及菌泥的综合利用,防止污泥造成二次污染。此处理工艺不仅对某些生化制药废水适用,对食品行业等排出的高浓度有机废水也适用,有较好的推广价值。

参考文献

1. 钱易,米祥友. 现代废水处理新技术. 中国科学技术出版社
2. 徐向阳等. 光合细菌在有机废水处理中的应用现状与前景. 环境污染与防治, 1990,12(5)
3. Kobayashi M. et. al. , Wat. Res. 7, 1219~1224
4. Kobayashi M. et. al. , J. Ferment. Technol. 49, 817~825(1971)

5. 朱章玉等.光合细菌的研究及其应用.上海交通大学出版社,1992
6. 史家梁等.光合细菌处理有机废水的研究.上海环境科学,1984,vol.3(4)
7. 刘双江等.固定化光合细菌处理豆制品废水产氢研究.环境科学,1995,16(1)
8. 王宇新等.利用光合细菌柱式生物膜法处理淀粉废水.环境科学,1993,14(5)
9. 顾祖宜等.应用光合细菌处理有机废水的研究.中国环境科学,1985,5(2)
10. 郑元景等.污水厌氧处理.中国建筑工业出版社
11. 翁稣颖等.利用沼泽红假单胞菌连续处理豆制品废水的研究.中国环境科学,1982,2(5)
12. 俞吉安.应用光合细菌处理高浓度有机废水的新技术.环境科学,8(3)
13. 顾夏声.废水生物处理数学模式.清华大学出版社,1993
14. 刘廷惠等.超滤技术及其应用.环境化学,1987,6(6)
15. 席淑淇等.利用废水生产光合细菌提取天然色素的研究.污染防治技术,1997,10(2)

李桂枝　方明成　北京工业大学

14 减少建筑给水和热水系统无效水耗的技术措施

近年来我国城市生活用水量呈逐年递增趋势。城市生活用水包括居民用水和公共建筑用水等,其用水过程绝大部分是在建筑中完成的。因此节约城市生活用水必须搞好建筑节水。

建筑节水是一个系统工程,除应制定有关节水的法律法规、加强日常管理和宣传教育、利用价格杠杆促进节水工作外,还应采取有效的技术措施。

建筑节水的技术措施首先应着眼于建筑给水和热水系统设计的各个环节,在设计中贯彻节水要求,从系统的设计上堵塞浪费水的漏洞,再辅以计量设备和节水器具的合理配置,就可从技术上保证节水工作收到实效。为控制建筑中无效水耗的产生,建筑给水和热水系统应满足以下基本要求。

14.1 防止给水系统超压出流造成的"隐形"水量浪费

超压出流是指给水配件前的静水压大于流出水头,其流量大于额定流量的现象。超出额定流量的那部分流量未产生正常的使用效益,是浪费的水量。由于这种水量浪费不易被人们察觉和认识,因此可称之为"隐形"水量浪费。

超压出流还破坏了给水系统流量的正常分配,严重时会造成水的供需矛盾;水压过大,水龙头启闭时易产生水击及管道振动,使得阀门和给水龙头等磨损较快,缩短了使用寿命,并可能引起管道连接处松动漏水,甚至损坏,加剧了水的浪费。

根据我院课题组在11栋不同类型建筑的67个配水点所做的超压出流实测分析结果统计,有55%的螺旋升降式铸铁水龙头(以下简称"普通水龙头")和61%的陶瓷阀芯节水龙头的流量大于各自的额定流量,处于超压出流状态。两种龙头的最大出流量约为额定流量的3倍。实际上,建筑中水龙头的超压出流率远大于以上数值。由此可见,在我国现有建筑中,给水系统的超压出流现象是普遍存在而且是比较严重的。为改变这一状况,应采取以下措施。

1. 在设计中合理限定配水点的水压

由于超压出流造成的"隐形"水量浪费并未引起人们的足够重视,因此在我国现行的《建筑给水排水设计规范》和《建筑给水排水设计规范(GBJ 15—2000)征求意见稿》(以下简称"征求意见稿")中虽对给水配件和入户支管的最大压力做了一些限制性规定,如"征求意见稿"中规定"水压大于0.35MPa的入户管(或公共建筑配水横管),宜设减压或调压设施",但这只是从防止给水配件承压过高导致损坏的角度考虑的,并未从防止超压出流的角度考虑,因此压力要求过于宽松,对限制超压出流基本没有作用。我们认为,应根据建筑给水系统超压出流的实际情况,对给水系统的压力做出合理限定。

根据本课题组所做的超压出流实测分析,考虑到各种配水器具的位置标高、家庭和整栋建筑内部管道的水头损失及保证安全供水等多种因素,我们认为家庭入户管(或公共建筑配水横支管)的工作压力限值应为0.15MPa,静水压力限值应为0.25MPa。压力大于上述限值时,应采取减压措施。建议将上述要求纳入《建筑给水排水设计规范》,目前缺水城市应制定该规范的地方性补充条款,以便从系统设计这一根本问题上解决超压出流造成的水量浪费。

2. 在系统中配置减压装置

在给水系统中合理配置减压装置是将水压控制在限值要求内、减少超压出流的技术保障。

(1)设置减压阀。

本课题组所做的3栋18层住宅楼超压出流对比试验表明,在入户支管上设置了减压阀的住宅楼,各楼层出水量明显较小,且各配水点水压、流量较均匀,在所测九个楼层中,没有一层处于超压出流状态。可见,减压阀具有较好的减压效果,可使出流量大为降低。

(2)设置减压孔板或节流塞。

减压孔板相对于减压阀来说,系统比较简单,投资较少,管理方便,一些单位的实践表明,节水效果相当明显,如上海交通大学在学校浴室热水管道中加装孔径为5mm的孔板后,节水约43%。但减压孔板只能减动压,不能减静压,且下游的压力随上游压力和流量而变,不够稳定;此外,孔板容易堵塞。可以在水质较好和供水压力较稳定的情况下采用。

节流塞的作用及优缺点与减压孔板基本相同。适于在小管径及其配件中安装使用。

3. 采用节水龙头

本课题组所做67个测点超压出流试验表明,各测点陶瓷阀芯节水龙头和普通水龙头在全开状态下,前者的出流量均小于后者的出流量,也即在同一压力下,节水龙头具有较好的节水效果,节水量一般在20%~30%之间。因此,应在建筑中安装使用节水龙头,以减少水量浪费。

14.2 减少热水系统的无效冷水量

随着人民生活水平的提高和建筑功能的完善,建筑热水供应已逐渐成为建筑供水不可缺少的组成部分。

据调查,各种热水供应系统,大多存在着严重的水量浪费现象,主要表现在开启热水配水装置后,往往要放掉不少冷水后才能正常使用。这部分流失的冷水,未产生使用效益,可称为无效冷水,也即浪费的水量。无效冷水的产生原因是多方面的,因此应从建筑热水系统的各个环节抓起,减少无效冷水的排放。

1. 新建建筑的热水供应系统应选用支管循环或立管循环方式,不再采用干管循环或无循环方式

目前我国现行的《建筑给水排水设计规范》中提出了三种热水循环方式：干管循环、立管循环、支管循环；同时,允许热水供应系统较小、使用要求不高的定时供应系统,如公共浴室等可不设循环管。

热水系统的循环方式直接决定了无效冷水是否存在及冷水量的相对大小。我们以北京市某12层公寓为例,分别计算了该建筑采用支管循环、立管循环、干管循环或无循环方式时,每年的理论无效冷水量、节水量和各种循环方式的回水系统的概算工程成本。经分析后得出：

支管循环方式虽最节水,但其工程成本最高,投资回收期也最长,约为30年。

立管循环方式的节水量虽比支管循环少,但却是干管循环的1.8倍；投资回收期为12.5年。可见,与干管循环相比,立管循环节水效果较好；与支管循环相比,立管循环具有较明显的经济优势。

干管循环方式虽然回水系统的工程成本较低,但节水效果较差,且工程成本的回收期为12.7年,比立管循环方式还长,所以无论从节水的角度还是从工程成本回收的角度看,干管循环方式均无优势。

无循环系统产生大量的无效冷水量,不符合节水要求,同时也给人们的使用带来不便,应予淘汰。

综合上述分析和我国国情,我们认为新建建筑热水系统不应再采用干管循环和无循环方式,而应根据建筑物的具体情况选用支管循环或立管循环方式。这一要求应纳入设计规范或地方性节水法规。

2. 对现有无循环定时热水供应系统,应限期进行改造,增设热水回水管

目前我国绝大部分公共浴室采用的是无循环定时热水供应系统,每天洗澡前要排出大量无效冷水。据调查,一些高校浴室排出的冷水量约为总用水量的5%~10%。北京市高校一天的洗澡水量多达6000m^3以上,若以每天浪费5%计,则每年浪费的水量将达10万m^3左右。再加上机关、厂矿、社会公共浴室的热水系统,每年浪费的水量相当可观,但这个问题还未引起足够的重视。

由于无循环系统管线较简单,故改造工程投资少,收效快,较易施行。如北京交通大学在浴室的热水干管上增设回水管,工程总投资约4000元,年节水量约960 m^3,若水价以3.9元/m^3计,每年可节约水费3774元,13个月即可收回投资,既可收到很好的节水效果,又可得到较好的经济效益。因此对现有无循环定时热水供应系统,应限期进行改造,增设热水回水管。

3. 减少局部热水供应系统管线的长度,并应进行管道保温

我国现有住宅大多采用局部热水供应系统,系统中不设回水管。当家用燃气热水器的设置点与卫生间相距较远时,每次洗浴都需放掉管内滞留的大量冷水。又因为热水管几乎都未采取保温措施,管中水流散热较快,因此在洗浴过程中,当关闭淋浴器后再次开启时,又要放掉一些低温水。热水管线越长,水量浪费越大。为解决这一问题,提出以下建议:

(1) 在建筑设计中,除考虑建筑功能和建筑布局外,还应考虑节水因素,尽量减少热水管线长度。

(2) 在有关规范和施工验收标准中,增设"连接家用热水器的热水管均应进行保温"的内容,以规范家用热水管道的安装,保证热水使用过程中的水温。

4. 严格执行有关设计、施工规范,建立健全管理制度

循环方式确定后,热水管网的设计和施工质量及管理水平直接影响无效冷水量的大小。

应严格执行有关设计、施工规范,建立健全管理制度,杜绝由于设计不当、施工质量差和管理不善造成的水量浪费现象。如设计时,循环管道应采取同程布置的方式;在高层建筑中,冷、热水系统的分区应一致,各区水加热器、贮水罐的进水均应由同区的给水系统专管供应,以保证冷、热水压力相同等。

5. 开发性能良好的单管热水系统的水温控制设备;双管系统应采用带恒温装置的冷热水混合龙头

为减少调温造成的水量浪费,公共浴室应采用单管热水系统,温控装置是控制其水温的关键部件。调查中发现,现有温控装置不够灵敏,洗浴水忽冷忽热。因此应开发性能稳定、灵敏的单管水温控制设备。

目前我国建筑双管热水系统冷热水的混合方式大多为混合龙头式和双阀门调节式,每次开启配水装置时,为获得适宜温度的水,都需反复调节。为此应逐步采用带恒温装置的冷热水混合龙头,以使用户能够快速得到符合温度要求的热水,减少由于调温时间过长造成的水量浪费。

14.3 防止建筑给水系统二次污染造成的水量浪费

二次污染事故的发生,使得建筑给水系统不能正常工作,造成用户用水困难。同时,受到污染的水将会被排放;对供水系统的清洗处理,也需耗费大量的自来水,这些都造成了水的严重浪费。因而防止建筑给水系统二次污染,对节约用水有着十分重要的意义。

1. 在高层建筑给水中采用变频调速泵供水

水池、水泵、高位水箱加压供水方式是目前高层建筑中使用最广泛的供水方式。有研究表明,这种供水系统的水质指标合格率有所下降,其原因,约有一半是水在加压输送和贮存过程中造成的。

变频调速泵供水直接由泵将贮水池内的水送至用户,取消了水箱,减少了发生二次污染的几率。我国有的地区已明令在特定情况下使用这种供水方式,如上海住宅设计标准中规定,住宅设计规模在400户以上时,采用变频调速水泵集中供水。在其他城市,变频调速泵也得到了一定程度的应用。

2. 新建建筑的生活与消防水池分开设置

目前绝大部分高层建筑的生活与消防水池合建,水池容积过大,生活用水储量一般不到总储量的20%,生活用水贮存时间过长,有时长达2~3天。有研究表明,夏季水温较高时,水箱中的水在贮存12h后,余氯即为零,细菌快速繁殖。合建水池在每月的消防试水时还会造成消防试水的排放浪费。

北京市于1998年对生活饮用水与消防用水水池分开设置做出了规定,在"征求意见稿"中对此也做了要求。两种水池分开设置可在很大程度上减轻生活用水的细菌性污染。消防试水可排放到消防贮水池中,不必外排。此外,分建水池的总容积基本没有增加,不会过多增加造价,并且还可优化地下室设计、有效利用地下室面积。因此从现在起,新建建筑的生活与消防水池应分开设置。

3. 严格执行设计规范中有关防止水质污染的规定

为防止水质二次污染的发生,应严格执行设计规范中有关水池(箱)材质选用、配管和构造设计及防止管道系统回流污染等规定,杜绝由于选材或设计、施工不当引起的水质污染。

4. 水池、水箱应定期清洗

1997年北京市规定,供水设施要定期清洗消毒,目前水箱每年清洗一次。为保证水箱良好的卫生条件,卫生防疫部门应加强对水箱水质和水箱清洗的监管力度,并应适当增加水箱的清洗次数。

5. 强化二次消毒措施

(1) 在二次加压系统中设置消毒装置。

在"征求意见稿"中规定,生活饮用水池(箱)内的贮水,在最高日用水情况下,12h内不能得到更新时,宜设置消毒处理装置,这一规定较以前有了很大进步,但还不够严格,应将"宜设置"改为"应设置"。在这方面,北京市已率先做出了规定。目前北京市的水池、水泵、水箱二次供水系统中,一般均在水箱出口设置二次消毒装置,实践证明这对防止高层建筑的水质污染起到了很好的作用。

(2) 加强对消毒器的使用管理。

1) 紫外线消毒器长期使用后,石英玻璃套管会沉积水垢,降低紫外线照度,影响消毒效果,因而要定期清洗。对其他类型的消毒器,也应定期检查和维护保养。

2) 紫外线灯在接近寿命期时,会渐渐失去消毒作用,因而必须定期更换灯管。

3) 加强对易受污染的、流程长的供水点的水质监测力度,以便真正掌握消毒设施的消毒效果。

6. 推广使用优质给水管材

由于镀锌钢管易受腐蚀,造成水质污染,一些发达国家和地区已明确规定普通镀锌钢管不再用于生活给水管网。我国建设部等四部委也联合发布文件,要求自2000年6月1日起,在全国城镇新建住宅给水管道中,禁止使用冷镀锌钢管,并根据当地实际情况逐步限时禁止使用热镀锌钢管,推广应用新型管材。

在建筑给水中,目前有铜管、不锈钢管、聚氯乙烯管、聚丁烯管、铝塑复合管等新型管材可以取代镀锌钢管。塑料管与镀锌钢管相比,在经济上具有一定优势。铜管和不锈钢管虽然造价较高,但使用年限长,还可用于热水系统。应根据建筑和给水性质,选择合适的优质给水管材。

14.4 结 语

建筑节水工作涉及到建筑给水排水系统的各个环节,必须作为一个系统工程来抓,其中最重要的一点是应从给水系统和热水系统的设计上限制超压出流和无效冷水量的产生,并应防止建筑给水系统二次污染造成的水量浪费,这样才能从根本上减少无效水耗,获得最大的节水效益。

参考文献

1. 付婉霞,刘剑琼,王玉明.建筑给水系统超压出流现状及防治对策.给水排水,2002,28(10):48~51
2. 冯翠敏,付婉霞.集中热水供应系统的循环方式与节水.中国给水排水,2001,17(9):46~48
3. 傅金祥等.居住区生活饮用水二次污染及防治对策研究.给水排水,1998,24(7):55~59
4. 方汝清.高位水箱供水系统对水质的影响.给水排水,1997,23(9):47~49
5. 北京市新建、改建、扩建生活饮用水供水设施预防性卫生监督管理办法.北京市卫生局.北京市生活饮用水卫生监督管理条例及有关文件汇编,2000.8
6. 北京市生活饮用水卫生监督管理条例.北京市卫生局.北京市生活饮用水卫生监督管理条例及有关文件汇编,2000.8

付婉霞　　曾雪华　　北京建筑工程学院

15 冷却塔节能控制器

随着我国现代化工业的发展，已有大批建筑及生产工艺采用水冷却塔做热量传递的中央空调系统投入使用，目前，本市冷却塔的保有量已过数千座，绝大部分是单速电机的机力通风塔，运行靠人工控制，难以根据需要调节转速，增大了能耗，飘失了水源，扩大了本来就不太富裕的能源及水的需求，如何控制冷却塔的高效节能运行，成为当前急需解决的技术问题之一。

冷却塔是一种完全依靠气象条件工作的散热装置，要减少能耗节约水源，首要的办法就是控制电机的转速，气象条件好，空气湿度小，或气温低，风机可以减速运行，节能节水。

通过对收集的资料的分析研究，归纳了目前国内电机调速方面技术现状，详见表 1-15-1。

三相异步电机调速方法比较表　　　　　　　　表 1-15-1

调速方式比较项目	定子调压调速	变频调速	电磁离合器调速	液力耦合器调速	变级调速	串级调速（绕线转子电机）	转子串电阻调速（绕线电机）
调速范围	80%～100%	5%～100%	10%～100%	50%～100%	4/6,6/8	65%～100%	65%～100%
调速精度(%)	±2	±0.5	±2	±1	—	±1	±2
优点	结构简单，无级调速可软启动，快速性好	调速范围宽，可用已有设备可群控	结构简单，无级调速	结构简单，无级调速	结构简单	无级调速，在调速范围内效率高	可靠性高，投资少，维护简单，功率因数高
缺点	低速时效率、功率因数下降	功率器件昂贵，低速时功率因数下降	用于小功率，低速时效率下降	低速时效率下降	只能固定转速比，变2、3个速度	变换器随调速范围增大，价格昂贵	低速时效率下降

续表

调速方式比较项目	定子调压调速	变频调速	电磁离合器调速	液力耦合器调速	变级调速	串级调速（绕线转子电机）	转子串电阻调速（绕线电机）
适应电机容量及电压	小容量，低压	中、小容量，低压	小容量，低压	大、中容量，高、低压	中、小容量，高、低压	大、中容量，高、低压	大容量（15kW以上）
节电效果	良	优	良	良	优	优	良
使用注意事项	附测速设备	转矩脉动轴振动，超速时注意机械强度	要改变基础，附测速设备	要改变基础，附测速设备	分工艺变速,节能变速	要改造电机,附测速设备	需要水电阻调节装置

由表 1-15-1 中所列内容不难看出，当前电机调速技术的研究已经深入了，要想发明一种新的电机调速方法，不是个简单的事情。现有条件下，只能在现有技术的基础上做一些实用化的工作。由表 1-15-1 还不难看出，现有的调速方法有很大的局限性，并不都能适用于冷却塔风机。通过近年来对北京百余台冷却塔的检测，了解到目前冷却塔使用最多的规格是 100～300t/h，配用的电机功率 3、4 个 kW 到 10kW 左右。电机固定在冷却塔上端的风筒内，与扇叶直连或通过皮带传动，空间小，条件恶劣，高温高湿，不便于在塔上安装机械调速装置。经过比较，变频调速，变级调速，定子调压调速是可以考虑使用的方式。最好的方式当然是在每个电机上安装变频调速器，但要想降低变频调速器的价格很困难，因为变频调速器的价格是由大功率器件决定的，大功率器件主要还依赖进口，国内一时还无法解决。通过检测和调研发现，凡是冷却塔的用户绝大部分都是以塔组的形式设计安装的，少则两台多则七八台，如果把一组风机电机作为研究对象，进行阶梯式调节，与一台电机调节同样可以达到节能降耗的目的，一组风机逐个打开与每个风机逐渐变速其效能是一样的，而且逐个打开的全速运行的风机效率应该高于变速运行的风机效率，一组风机的风机个数越多调节特性越好，越接近线性。如果只有一台或两台的冷却塔组，此时采用变级多速电机也可以达到变速的目的。在这一思想的指导下，研究了能够对采用变级多速电机（4、6、8 级）的冷却塔进行控制的"智能控制器"，阶梯式控温，每个控温点对应一个塔的运行工况，第二年又加控了一台单速风机的冷却塔，两年都取得了明显的节电效果（详见后面的介绍），特别减轻了值班工

人的劳动强度,受到使用人员的欢迎。通过两年的运行实践,发现控制器还存在一些缺点,液晶屏在现场不易观察,还不是理想的恒温控制。又针对以上问题做了改进,新冷却塔智能控制器的组成如图 1-15-1 所示,型号为 TK-2。

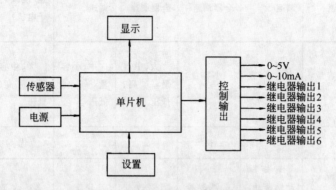

图 1-15-1 新冷却塔智能控制器的组成

  TK-2 型冷却塔智能控制器还是采用逐级控制方式,LED 发光二极管显示,设有一路电压输出,一路电流输出,四组 1A(可扩展到六组)继电器输出。控制的电机为多速(2 或 3 速)或多台单速,也可以是两种混用的。工作时温度传感器检测的温度值与设定值比较,高于设定值时,根据设定的间隔时间依次接通控制继电器,直到塔群全部全速投入运行。在逐级(个)打开冷却塔电机的过程中,温度会下降,当到设定值时,就会停在这个温度点上。如果在一个控制周期(可现场设定),升温速率高于 1℃/min 时。可以受设定控制间隔时间约束,同时接通两个控制继电器,直到打开全部冷却塔为止。当控制对象为变频调速电机时,则由 0～5V 或 4～20mA 的输出电压、电流控制,逐步增速或减速,达到对冷却塔的节能定温自动控制。

  冷却塔智能控制器初步研制成功以后,首先试装在北京市老干部活动中心,该单位有一栋建筑面积 $13200m^3$ 的八层楼房,采用氨制冷的中央空调,两台人工控制的阳江产 125t 低噪声冷却塔(1993 年安装),以前到了夏季制冷期东、西两台 4kW 的风机全部打开,电力消耗较大。1998 夏季试装了冷却塔智能节能控制器,对东塔进行了技术改造,将原 4kW 6 级电机更换为 4、6、8 级多速电机(对应功率分别为 3kW,1.5kW,1kW),新电机高速段转速较原电机高 1/3,通过更换皮带轮使风扇叶最高转速与原来保持一样,开始投入运行时只控制东塔的变速(变级),控温点定在 33℃,大部分时间运行在中速,取得了明显的节电效果,但西塔仍由人工开关,还有节约潜力可挖,1999 年夏初运行开始,又把西塔也接入节能控制器控制,即当东塔全速运转仍满足不了冷却要求时,西塔就会自动投入运行,东塔停机,并根据制冷的需要再由低速到高速逐级投入运行。通过 119 天的运行记录(计算机自动记录)和计算,比以前全人工控制节电 33.8％(其中包括对风机动力优化改造所节省的电能),由于大部分时间处于节能运转,减少了因飘失损耗的补水,节约了宝贵的水源,而且减轻了值班人员的劳动强度。在运行过程中发生过一些故障,原因是接触器接点和电机接线端子虚接后烧蚀造成了停机,控制器本身未见故障发生。1998、1999年的运行情况数据记录见表1-15-2。

1998、1999两年的运行时间及电耗记录　　　表1-15-2

时间	数据 塔别 项目	东塔	西塔
1998年7.29～9.25	运行总时数(h)	801.7	637.6
	总耗电量(kVA·h)	2177.2	3367.5
	平均功率(kVA)	2.7*	5.3*
1999年6.8～6.16	运行总时数(h)	941.0	541.2
	总耗电量(kVA·h)	2814.2	2656.2
	平均功率(kVA)	3.0*	4.9*

注:* 东塔电机轴功率:4级3kW;6级1.5kW;8级1kW,西塔电机轴功率:6级4kW,1999年春检修一次。

如果均与未改造前两台4kW风机比较,节电计算如下:
由于变速运行节省的电能:

$$(W_原 - W_变) \times H = Q_节$$

式中　$W_原$——原电机功率(西塔代替),kVA;
　　　$W_变$——减速运行电机功率,kVA;
　　　H——运行时间,h;
　　　$Q_节$——节电量,kVA·h。

$$\eta = Q_节 / Q_原$$

　　　$Q_原$——原总用电量,kVA·h;
　　　η——节电率,%。

1998年:$(5.3 - 2.7) \times 801.7 = 2084.4$ (kVA·h)
　　　$2084.4 \div [5.3 \times (801.7 + 637.6)] = 27.3\%$
1999年$(4.9 - 3.0) \times 941.0 = 1787.9$ (kWVA·h)
　　　$1787.9 \div [4.9 \times (941.0 + 541.2)] = 24.6\%$

由于系统联合控制节省的电能:

$$H_{西98} \div H_{东98} \times H_{东99} = H_{西99}$$

式中　$H_{东98}$——98年东塔运行时间,h;
　　　$H_{西98}$——98年西塔运行时间,h;

$H_{东99}$——99年东塔运行时数,h；

$H_{西99}$——99年西塔应运行的时数,h。

$$H_{西99} - H_{西99实} = H_{西99节}$$

$H_{西99实}$—— 99年西塔应运行的时数,h；

$H_{西99节}$——99年西塔节省运行的时数,h。

$$W_{原} \times H_{西99节} = Q_{节}$$

$$637.6 \div 801.7 \times 941 = 748.4 \text{ (h)}$$

$$748.4 - 541.2 = 207.2 \text{ (h)}$$

$$4.9 \times 207.2 = 1015.3 \text{(kVA·h)}$$

$$1015.3 \div [(941.0 + 748.4) \times 4.9] = 12.3\%$$

（1999年只统计到8月16日）

1999年综合节电率：

$$(1787.9 + 1015.3) \div [(941.0 + 748.4) \times 4.9] = 33.8\%$$

根据以上计算北京市老干部活动中心中央空调系统由于安装了冷却塔智能节能控制器,自1998年7月29日～9月25日,1999年6月8日～8月16日共运行119天,节电4887.6kVA·h,1999年节电率33.8%。

经过改进的TK-2型冷却塔智能控制器,是一种适用性很强的产品,老干部活动中心的一台多速,一台单速塔联合运行,只是一种方式,1999年初又选择了国家知识产权保护局（原国家专利局）,作为另一处试点,该局有二十六层办公楼及附属楼房,全部由两台双良直燃机组中央空调,六台并列的100t马力新菱横流冷却塔冷却,直燃机组对冷却水的温度非常敏感,尤其是还有一台直燃机组处在故障运行中,稍有超温,即告报警,原由数名工人倒班,专门监视直燃机组的温度显示,随时开关冷却塔风机,劳动强度很大。由于人工控制冷却塔也常处于不必要的运行之中,浪费了能源水源。试装了一台冷却塔智能节能控制器,我们是按6塔4级定温控制方式设计接线,事先已考虑到因测温取样点距冷却塔较远,起控时间必然也有一个滞后,经过现场反复调试,最后确定在60秒。经过初步运行还发现有失控的情况,原因是控制器电源与75kW水泵电源同接在一处,引起干扰所致,于是将控制器电源移到另一电源线上,问题得到解决。目前冷却塔的运行可以完全依照直燃机的需要,自动启闭,当冷却水水温超过事先设定的起控温度时（目前我们设定的是27.9℃）,冷却塔分四级逐步投入运行,并且可以根据升温速率决定冷却塔一次投入一组或两组,自从安装调试好冷却塔智能节能控制器以后,没有发生一次因为冷却不够而超温报警的情况,冷却塔也只根据需要打开最少的台数,不必像人工控制时那样,为了保证冷却水的低温,开塔数量宁多勿少的弊病。今后使用直燃机组的单位还要有所发展,而直燃机组又是自动化程度非常高的产品,与之配套的冷却水系统也应该实现自动化控制,冷却塔智能节能控制器,就是一种非常实用有效的节能产品,用在为直燃机组配套的冷却水系统,实现自动控制是较为理想的,实现了智能化控制,使系统处于经济运行之中。

　　TK-2型冷却塔智能控制器,是一种专门用于冷却塔控制的自动化装置。它适用于单塔变频调速、单塔分级变速、多塔分级、多塔调速以及上述不同机力通风塔型的混用冷却系统的控制,现场随意设定,使用灵活,适用面宽,体积小,集成化程度高,性价比突出。它有别于单机调速的最大技术特点是使每台电机仍然工作在设计的最佳点上。它可根据环境温度自动控制冷却塔的开停,代替人工控制,大大减少无用运转,节电效果非常明显。由于减少了冷却塔的运转时间,水的飘失也减少了,节约了补水,还可以大大减少值班人员的劳动强度。

北京市公用事业科研所
北京市城市节约用水办公室

16 纳滤膜系统处理低压锅炉用软化水可行性研究

工业用水是城市用水的重要组成部分,在整个城市用水中,工业用水不仅占的比重大,且增长速度快,用水集中。工业要用大量的洁净水,同时又排放出大量的工业废水,又成为水体污染的主要污染源。现代工业种类多,工业产品繁杂,用水环节多,各种用水对供水的水源、水温、水质要求不一,现仅按工业用水在工业生产中的作用来分类,主要有:冷却用水,空调用水,工艺用水,锅炉用水和其他用水等五种。锅炉是耗水大户,工业发达国家的锅炉耗水量一般占第三位,仅次于冷却水和工艺用水,锅炉是生产蒸汽和热水的设备,广泛应用于社会生活的各部门,在一般工业与民用建筑中使用的绝大部分是低压锅炉,按传统的水处理工艺,低压锅炉所用软化水,采用的是离子交换技术,离子交换系统在运行中需要经常对离子交换树脂进行再生和反洗,以恢复树脂的吸附能力,在再生过程中消耗大量的软水和盐,这部分高含盐量的水最后排入水体,结果会造成水体和地下水含盐量逐渐增加,高含盐量的水(即高硬度水),不仅对人们日常生活产生不便,同时对某些工业用水需进行软化脱盐处理,由此造成的经济损失也是很高的。

为此我们立项课题选择了一个新的研究方向,试图改变低压锅炉用软化水处理工艺,研究以膜法替代离子交换工艺的可行性。

16.1 研究内容

1. 纳滤膜过滤机理及数学模型的研究(因为 NF 膜与 RO 膜不同)

2. 运行参数研究

(1) 操作压力对膜过滤能力的影响;

(2) 温度对膜过滤能力影响;

(3) 回收率对膜过滤能力的影响;

(4) 不同料液浓度对过滤的影响;

(5) 膜污染的机理;

(6) 膜元件的清洗方法。

3. 纳滤膜法系统与离子交换系统的比较

(1) 产品水的水质比较;

(2) 水利用率的比较;

(3) 运行成本的简单分析；
(4) 环境效益比较。

16.2 试验方法

1. 工艺流程

试验工艺流程：原水──→活性炭柱──→保安过滤器──→泵──→纳滤膜──→出水。其中活性炭柱用于吸附水中的余氯，保安过滤器用于进一步去除水中杂质以减轻纳滤膜负荷，纳滤膜采用美国 OSMONICS 的 HL4040F 型纳滤膜。

2. 水质

试验水质见表 1-16-1。

试 验 水 质　　　　表 1-16-1

项　　目	硬度(mgCaCO$_3$/L)	电导率(μs/cm)	碱度(mgCaCO$_3$/L)	Ca^{2+}(mg/L)	Mg^{2+}(mg/L)
市政自来水	160.5	235	142.9	42.07	13.73
中硬度配水	309.5	390	252.5	79.70	26.89
高硬度配水	515.9	660	395.3	134.50	43.50

3. 试验内容

通过对市政自来水的处理确定影响膜分离的因素和膜分离的最佳工作参数。通过对三种水样的处理确定不同中、低压锅炉所需的处理工艺流程。

16.3 结果与分析

1. 影响膜分离的因素

(1) 操作压力。

膜的脱盐率、脱硬度率、脱碱度率经过峰值 0.75MPa 后有所回落并趋于稳定（见图 1-16-1），这可以用溶解——扩散模型解释。虽然随着操作压力的增大，膜的产水量也不断增大（见图 1-16-2），但在实际应用中为延长膜的使用寿命和降低能耗，操作压力不宜过大。

(2) 温度。

温度与脱除率、膜通量的关系分别见图 1-16-3、图 1-16-4。保持合理的料液温度对膜的脱除率有重要影响。根据溶解——扩散模型，温度升高则膜内的通道由于聚合物分子链段运动剧烈而变大，使溶剂更容易透过，从而引起膜通量的上升。同时，由于水是在氢键作用下以缔合体(cluster)形式存在的，而这种缔合体的大小

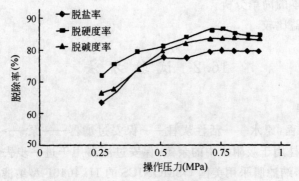

图 1-16-1　压力与脱除率关系曲线

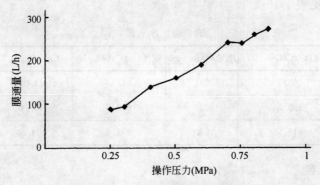

图 1-16-2　压力与膜通量关系曲线

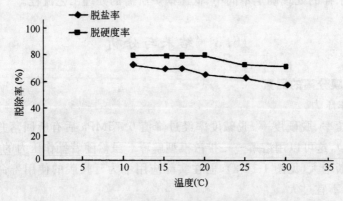

图 1-16-3　温度与脱除率关系曲线

取决于温度,提高料液温度后水的缔合体尺寸变小,使其容易在压力作用下透过膜而引起膜通量的上升;盐离子也是以水合物的形式存在的,温度的升高使水合离子的半径减小,这就增大了盐离子的透过率,从而引起截留率的下降。通过试验确定出最佳料液温度为 5～20℃。

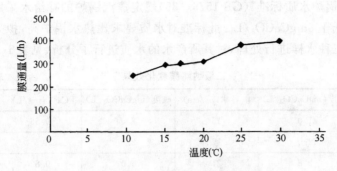

图 1-16-4 温度与膜通量关系曲线

(3) 回收率。

对于每一支膜都希望有较高的回收率,这样在整个膜系统中可以提高系统的回收率,降低系统造价,但是过高的回收率又会降低膜的出水水质、增加膜的浓差极化度。通过试验定出单支膜的最佳回收率为 20%。

2. 纳滤膜对水的软化效果

针对三种水样进行了纳滤膜软化水的效果试验,以确定其用于中、低压锅炉软化水的工艺流程。

(1) 热水锅炉所需软化水的制取。

《中低压锅炉水质标准》(GB 1576—85)规定热水锅炉的补给水采用化学处理后其硬度应低于 $60mgCaCO_3/L$。据此标准拟采用纳滤膜一级过滤对三种水进行处理,对出水水质进行了分析(见表 1-16-2)。

一级纳滤膜软化效果　　　　表 1-16-2

项 目	硬度($mgCaCO_3/L$)	电导率($\mu s/cm$)	碱度($mgCaCO_3/L$)	Ca^{2+}(mg/L)	Mg^{2+}(mg/L)
市政自来水	21	49	24	4.2	2.78
中硬度配水	34	70	42	7.2	3.89
高硬度配水	55	110	67	13	5.96

试验表明,采用一级纳滤膜过滤就可以满足热水锅炉补给水的水质要求,故确定的工艺流程见图 1-16-5。

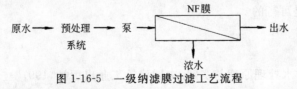

图 1-16-5 一级纳滤膜过滤工艺流程

(2) 蒸汽锅炉所需软化水的制取。

《中低压锅炉水质标准》(GB 1576—85)规定蒸汽锅炉的补给水采用化学处理后其硬度应低于 $3mgCaCO_3/L$。此标准对水质要求比热水锅炉高,拟采用二级纳滤膜过滤对三种水样进行处理,对其所产水的水质进行了分析(见表1-16-3)。

二级纳滤膜软化效果　　　　　表1-16-3

项　目	硬度($mgCaCO_3/L$)	电导率($\mu s/cm$)	碱度($mgCaCO_3/L$)	Ca^{2+}(mg/L)	Mg^{2+}(mg/L)
市政自来水	1.0	15	2.0	0.56	0.09
中硬度配水	2.0	17	2.5	0.7	0.15
高硬度配水	2.8	21	5.0	0.82	0.92

采用二级纳滤膜过滤,出水水质可以满足蒸汽锅炉所需软化水水质标准,由此确定的工艺流程见图1-16-6。

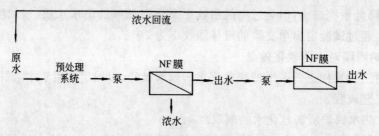

图1-16-6　二级纳滤膜过滤工艺流程

16.4　结　论

(1) 在实验室实验中,通过对不同硬度($300\sim 500mg/LCaCO_3$)的水质试验,经纳滤膜一级处理后的水符合国家"低压热水锅炉标准"规定的要求,即$CaCO_3\leqslant 60mg/L$,在进行纳滤膜系统与离子交换工艺进行技术经济比较后,认为对低压热水锅炉用水,纳滤膜系统取代离子交换工艺在技术上和经济上都是可行的,并有很好的社会环境效益。

(2) 对于水质要求较高的低压蒸汽锅炉用水,需采用二级纳滤膜处理,出水水质可以满足低压蒸汽锅炉所需软化水水质标准,即等于或低于$3mgCaCO_3/L$,试验证明技术上是可行的。

参考文献

1. 解鲁生. 锅炉水处理原理与实践. 中国建筑工业出版社,1997
2. 姚继贤等. 工业锅炉水处理及水质分析. 劳动人事出版社,1987
3. 高以垣等. 膜分离技术基础. 科学出版社,1989

4. Ericsson P. Nanofiltration extends the range of membrane filtration. Environmental Progress ,1988,7(1):58-62
5. Lakshminogayan. Consider nanofiltration for membrane separation. Chemical Engineering Progress,1994,March:68-74
6. R. Rautenbach. Separation Potential of Nanofiltration Membranes. Desalination,77(1990)73-84
7. B. M. Watson. Low Energy Membrane Nanofiltration For Removal of Color Organics and Hardness From Drinking Water Supplies. Desalination,72(1989) p11
8. Simpson,A. E. The Effect of PH on the Nanofiltration of Carbonate System in Solution. Desalination,64(1987):135
9. 周柏青.低压反渗透复合膜的分离性能.水处理技术,Vol.20,6,1994
10. 宋玉军.影响纳滤分离性能因素分析.水处理技术,Vol.23,2,1997
11. 俞三传.复合纳滤膜及其应用.水处理技术,Vol.23,3,1997
12. 陈雪华.浅析锅炉水质处理中存在的问题及对策.工业水处理,1998,07,18(4)
13. 熊蓉春.水处理技术的经济评价。给水排水,Vol.25,3,1999
14. 周金盛.CA/CTA共混不对称纳滤膜分离特性研究.膜科学与技术,Vol.19,1,1999

李桂枝　闫光明　北京工业大学

17 北京市工业用水模式研究

中国首都北京是一个严重缺水的城市,缺水程度与沙漠地带的以色列相似,人均水资源量不足 $300m^3$,约为全国人均的 1/8,世界人均的 1/30。水资源的短缺已成为北京经济社会发展的严重制约因素,已直接关系到北京可持续发展和把北京建成现代化国际大都市的重大战略问题。因此,大力发展节水型农业、节水型工业和节水型服务业,尽快把首都全面建设成节水城市,这已成为北京经济社会发展的迫切任务。

北京的工业用水约占全市整个工农业生产、生活、市政用水的四分之一左右,工业的节约用水,水资源的优化配置和高效利用是北京走出水资源短缺困境的十分重要的环节。

北京市政府根据北京的城市性质,资源及环境条件提出了工业发展的"五少两高"原则(能耗少、水耗少、排污少、运量少、占地少和技术密集程度高、产品附加值高),为了贯彻这一原则,北京市城市节约用水办公室与北京工业大学合作展开了"北京市工业用水模式研究"课题。项目研究组通过对北京各工业行业用水情况的历史和现状的调查分析研究,根据"五少两高"的原则要求,提出了水耗少、排污少、水资源优化配置的工业用水模式的基本要点,并在此基础上选用工业用水重复利用率、新水利用系数、万元产值新水量、万元增加值新水量四个反映工业用水水平的重要指标,作为工业用水综合指标的参数,并引入万元产值新水量比差率和万元增加值新水量比差率,以统一量化的形式建立了工业用水模式的综合指标,用以衡量工业各行业的用水水平。据此,从工业用水角度出发,提出了北京市工业行业哪些应优先发展,哪些适度发展和哪些应限制发展的意见,使水资源向水耗少、排污少、技术密集程度高、产品附加值高的产业倾斜,为政府工业指导部门提供一个量化的依据。同时,应用工业用水模式综合指标也可以衡量同一行业不同企业的用水水平,用以监督和指导用水水平较低的工业企业采取相应的措施,提高用水水平。

17.1 确立水耗少、排污少、水资源优化配置的节水型工业用水模式

"模式"(Pattern),即"范型",通常是指某种事物的标准形式或规定样式。任

何模式都可以分解成两部分：元素和结构。其中元素是内容，结构是形式，因此我们研究的各工业企业的用水是构成工业用水模式的内容（元素实体），而结构则是反映工业用水的形式——即工业用水模式。内容决定形式，各工业企业的用水状况决定了当时的工业用水模式。但形式又可反作用于内容，影响内容，当形式不适合于内容时，它对内容的发展起着阻碍作用，当形式适合于内容时，它对内容的发展起着有力的促进作用。结构或形式是在运动和变化的，对工业用水整体来说，我们可以根据客观条件和形势要求制定出一个更为合理，更为科学的用水模式以替代存在一定缺陷的过时的用水模式。

由于北京将建成真正意义上的国际化大都市，对北京的水环境和水生态提出了更高的要求，同时，为了能使北京的社会经济可持续发展，北京的工业得到可持续发展，北京的工业用水应从首都的经济特点和水资源状况出发，确立一种水耗少、排污少、水资源优化配置的节水型工业用水模式，其要点应是：

（1）以北京严重缺水的现实为前提，从战略高度和从首都可持续发展的高度来考虑北京的工业用水。

（2）工业的发展应符合市政府确定的"五少、两高"（能耗少、水耗少、排污少、运量少、占地少、产品附加值高、技术密集程度高）的原则，发展水耗少、排污少的工业企业。

（3）优化水资源配置，使水资源向产品附加值高、技术密集程度高的企业倾斜。调整工业结构和工业布局，淘汰高耗能、高耗水、污染严重的工业企业。

（4）工业企业内部应加强科学、合理用水的管理，尽量采用先进工艺，节约工艺用水，提高工业用水回用率和新水利用系数。

（5）推广清洁生产，实现少排污，甚至不排污。

（6）工业企业的有毒废水和高浓度污水必须进行处理，并逐步实现雨污分流，以改善北京的水环境和生态环境。

（7）加快污水资源的再生利用，扩大再生水在工业生产中的应用。

（8）建立合理的工业用水水价体制，运用价格杠杆调动工业企业节水积极性。

最终使工业万元产值和万元增加值的新水量不断降低，把北京的工业逐步建成节水工业，并为把北京建设成为节水型城市作出贡献。

17.2 工业用水模式的综合指标

为了使上述北京市工业用水模式能用一个数学式加以量化，必须在工业用水各种指标中选出最能反映工业用水状况的几个指标。在通常情况下，仅用两个指标就可基本上反映一个国家、一个城市、一个企业的工业用水水平，这就是：工业万元产值新水量和工业用水重复利用率。但根据北京市水资源紧缺的情况以及为了贯彻北京市工业按"五少、两高"的发展原则,我们考虑还需增加两个指标:工业新水利用系数(与排污量有直接关系)和工业万元增加值新水量(与产品附加值高、技术密集度高有直接关系),以此四项来衡量工业企业在耗水量、排污量以及水资源配置是否倾向于产品附加值高、技术密集程度高的企业,从而形成一个北京市工业用水模式的综合指标。

1. 北京工业各行业用水重复利用率

重复利用率是指在一定的计量时间(年)内,生产过程中使用的重复利用水量与总用水量之比

$$P_r = \frac{V_r}{V_t} \times 100\%$$

式中　P_r——重复利用率,%;

　　　V_r——重复利用水量(包括循环用水量和串联使用水量),m²;

　　　V_t——生产过程中总用水量,m²。

重复利用率是目前广泛应用的综合考核指标之一,但由于水的循环利用和回用具有相对性,重复利用率也必然是一种相对的多层次的用水考核指标,它能在一定条件下反映工业企业、城市、国家的用水水平,但又不能完全反映工业企业、城市、国家的用水水平,必须和其他评价指标结合使用。

2. 北京工业各行业新水利用系数

新水利用系数是指在一定的计量时间内,生产过程中使用的新水量与外排水量之差同新水量之比。

$$K_f = \frac{V_f - V_d}{V_f} \leqslant 1$$

式中　K_f——新水利用系数;

　　　V_f——生产过程中取用的新水量,m³;

　　　V_d——生产过程中外排水量(包括外排废水、冷却水、漏水、溢水量等),m³。

新水利用系数是反映用水系统中通过压缩排水量,提高新水利用程度的相对考核指标。在重复用水系统中,新水利用系数已不单具有表示压缩排水量提高新水利用程度的意义,在某些条件下,还可表示系统减污回用的潜力或效率,因此,新水利用系数是一个很有实际意义的考核指标,与重复利用率相比较具有独立性。

3. 北京各行业工业万元产值新水量

万元产值新水量是指每生产一万元工业产值的产品需要的新水量。

$$V_{wf} = \frac{V_{yf}}{Z}$$

式中 V_{wf}——单位产值新水量，m^3/万元；

V_{yf}——年生产用新水量总和，m^3；

Z——年总产值，万元。

工业万元产值新水量是一项综合考核指标，直接反映水资源方面投入和产出的关系，故属经济效益考核指标，也称为绝对综合考核指标，一直是作为宏观上评价大城市尤其是同行业工业企业之间的用水水平，并且简易实用。但在我们研究工业用水模式时，它不仅适用于同行业企业之间用水水平的比较，也适用于不同行业工业企业之间用水水平的比较，从而可比较出水资源的优化配置情况和水资源产生的经济效益。

为了便于横向比较，必须引入比较范围内各工业行业平均万元产值新水量 $\overline{V}_{wf}$，令 $R_c = \dfrac{V_{wf}}{\overline{V}_{wf}}$，此值称为工业用水万元产值新水量比差率。

当 R_c 小于、等于或大于 1，表示该行业企业实际工业万元产值新水量分别低于、等于或高于进行比较范围内的工业万元产值新水量的平均值，其节水水平就相应高于、等于或低于相应范围的平均节水水平。工业万元产值新水量和工业用水万元产值新水量比差率之间有一定的相关性，但这两者与工业用水重复利用率并不相关，是工业用水水平必须独立考虑的重要因素。

4. 北京工业各行业万元增加值新水量

万元增加值新水量是指生产一万元工业增加值产品所需要的新水量。

$$V_{waf} = \dfrac{V_{yf}}{Z_a}$$

式中 V_{waf}——万元增加值新水量，m^3/万元增加值；

V_{yf}——年生产用新水量总和，m^3；

Z_a——年增加值，万元。

之所以要引入万元增加值新水量，是因为万元产值新水量还不足以全面表示水资源投向产品附加值高、技术密集程度高产业的优化配置水平。这一指标的引入，对于北京这样严重缺水国际大都市，在发展什么样的工业，怎样调整产业结构是很有参考价值的，故我们在研究北京工业用水模式的综合指标时，必须将这一指标作为一个独立因素列入其内。

这里同样还要引入进行比较范围内各工业行业平均万元增加值新水量 $\overline{V}_{waf}$。令 $R_{ac} = \dfrac{V_{waf}}{\overline{V}_{waf}}$ 称为工业用水万元增加值新水量比差率，与 R_c 相似，当 R_{ac} 小于、等于或大于 1，表示该行业企业实际工业万元增加值新水量分别低于、等于或高于进行比较范围工业万元增加值新水量的平均水平，其水资源优化配置的水平就相应高于、等于或低于相应范围的平均水平。

5. 北京工业各行业用水模式的综合指标的计算和意义

以上四个指标中，P_r 和 K_f 为相对性指标，而 V_{wf} 和 V_{waf} 为绝对性指标，为了使四个指标统一成相对性指标，我们引入上述的 R_c 和 R_{ac} 两个比差率，并经像建立数学模型那样的假设、构成、求解、分析、检验几个阶段，在暂不加权的条件下，以代数和的形式建立工业用水模式的综合指标 M。

$$M = \Sigma \left[P_r + K_f + \left(\frac{1}{R_c}\right)^{\frac{1}{3}} + \left(\frac{1}{R_{ac}}\right)^{\frac{1}{3}} \right]$$

式中　M——工业用水模式综合指标；

P_r——工业用水重复利用率，$= \dfrac{V_r}{V_r + V_f}$；

K_f——新水利用系数，$= \dfrac{V_f - V_d}{V_f}$；

R_c——工业用水万元产值新水量比差率，$= \dfrac{V_{wf}}{\overline{V}_{wf}}$；

R_{ac}——工业用水万元增加值新水量比差率，$= \dfrac{V_{waf}}{\overline{V}_{waf}}$。

根据北京市统计局的资料，北京工业共分为 39 个行业，依据行业的重要性和数据的完整性，我们选取了有代表性的 17 个工业行业进行计算和说明。

从北京市统计局和北京市政工程管理处可以查到各年工业总用水量，新水补给量，重复利用率，各行业的新水总量、重复利用率、新水补给量、排水量、万元产值新水量和各行业的增加值（万元）。根据这些大量数据，我们可以计算出综合指标 M 公式中的 P_r、K_f、R_c、R_{ac}。由于篇幅关系，这些大量的数据表格和计算从略。

根据 1999 年各工业行业的 P_r、K_f、R_c、R_{ac} 四项数据，可以计算出 1999 年各工业行业用水综合指标 M 值。见表 1-17-1 和表 1-17-2。

北京各工业行业 1999 年用水综合指标 M 值表　　　　　表 1-17-1

	P_r	K_f	$\left(\dfrac{1}{R_c}\right)^{\frac{1}{3}}$	$\left(\dfrac{1}{R_{ac}}\right)^{\frac{1}{3}}$	M
1. 食品烟草加工及食品饮料制造业	0.62	0.48	1.20	1.18	3.48
2. 纺织业	0.77	0.38	0.85	0.86	2.86
3. 皮革、毛皮、羽绒及其制品	0.06	0.53	1.19	1.13	2.91
4. 造纸及纸制品业	0.54	0.39	0.88	0.92	2.73
5. 印刷业、纪录媒介的复制	0.53	0.49	1.23	1.15	3.76

续表

	P_r	K_f	$\left(\dfrac{1}{R_c}\right)^{\frac{1}{3}}$	$\left(\dfrac{1}{R_{ac}}\right)^{\frac{1}{3}}$	M
6. 石油加工业及炼焦业	0.92	0.55	0.76	0.86	3.09
7. 化学原料及化学制品制造业	0.93	0.28	0.89	0.85	2.95
8. 医药制造业	0.65	0.49	1.23	1.40	3.77
9. 化学纤维制造业	0.86	0.26	0.83	0.58	2.53
10. 橡胶制品业	0.71	0.10	1.01	0.83	2.65
11. 塑料制品业	0.59	0.59	1.39	0.90	3.47
12. 非金属矿物制品业	0.66	0.57	0.96	1.03	3.22
13. 黑色金属冶炼及压延加工业	0.94	0.51	0.71	0.72	2.88
14. 有色金属冶炼及压延加工业	0.81	0.56	1.55	1.28	4.20
15. 金属制品业	0.38	0.58	1.47	1.46	3.89
16. 交通运输设备制造业	0.63	0.46	1.29	1.26	3.64
17. 电子及通信设备制造业	0.81	0.55	2.99	2.55	6.90

按 M 值大小排列的 1999 年北京的各工业行业　　　　表 1-17-2

工 业 行 业	工业用水综合指标 M 值	M 值排列次序
电子及通信设备制造业	6.90	1
有色金属冶炼及压延加工业	4.20	2
金属制品业	3.89	3
医药制造业	3.77	4
印刷业、记录媒介的复制	3.76	5
交通运输设备制造业	3.64	6
食品、烟草加工及食品、饮料制造业	3.48	7
塑料制品业	3.47	8
非金属矿物制品业	3.22	9
石油加工业及炼焦业	3.09	10
化学原料及化学制品制造业	2.95	11
皮革、毛皮、羽绒及其制品	2.91	12

续表

工 业 行 业	工业用水综合指标 M 值	M 值排列次序
黑色金属冶炼及压延加工业	2.88	13
纺织业	2.86	14
造纸及纸制品业	2.73	15
橡胶制品业	2.65	16
化学纤维制造业	2.53	17

应该说 M 值是综合了工业用水的四个主要指标，比较全面反映各工业行业用水的状况和水平。

M 值为 3.5 以上的行业有六类，其用水量少或较少，四项指标也都比较高，从工业用水角度讲，这六类行业应得到优先发展。特别是电子及通信设备制造业，除用水量少外，其最突出的是体现经济指标的万元产值新水量、万元增加值新水量很低，使得 $\left(\frac{1}{R_c}\right)^{\frac{1}{3}}$ 和 $\left(\frac{1}{R_{ac}}\right)^{\frac{1}{3}}$ 两值极高，故 M 值非常高，其他各行业无法与之比拟。像有色金属冶炼及压延工业，金属制品业，医药制造业，印刷、记录媒介的复制这四类行业的 $\left(\frac{1}{R_c}\right)^{\frac{1}{3}}$ 和 $\left(\frac{1}{R_{ac}}\right)^{\frac{1}{3}}$ 两值也很高，从而拉动 M 值的升高，但这四类行业中的后三类的水重复利用率还有提高的余地。另外包括汽车工业在内的交通运输设备制造业其 M 值也较高，也是北京优先发展的行业。

M 值在第 7 位到第 10 位的各行业，其用水量从小到中等，重复利用率在 60%～70%。其经济效益属中等或中上，从用水角度讲应适度发展，从实际情况看，这些行业在北京本地确也应适度发展才能满足北京的经济及人民生活各方面的需要。

M 值在第 11 位到第 17 位的各行业，可分三类说明：其中总用水量大户，虽然重复利用率很高，达 90% 以上，但 $\left(\frac{1}{R_c}\right)^{\frac{1}{3}}$ 和 $\left(\frac{1}{R_{ac}}\right)^{\frac{1}{3}}$ 两值属最小范围，经济效益差，化学原料及化学制品制造业的新水利用系数小，而排水量大；总用水量中等的纺织业和造纸及纸制品业，其体现经济效益的 $\left(\frac{1}{R_c}\right)^{\frac{1}{3}}$ 和 $\left(\frac{1}{R_{ac}}\right)^{\frac{1}{3}}$ 值低，而且新水利用系数和重复利用率也不高；总用水量少的皮革、皮毛、羽绒及其制品业，橡胶制品业，化学纤维制造业，虽其总用水量少，但有的重复利用率太低，如皮革类仅为 6%，橡胶类和化学纤维类行业的新水利用系数很低，相对排水量就大。鉴于以上所述的因素，这七类行业的 M 值都低，从工业用水角度考虑，应限制发展或控制发展。

从以上分析可以看出，用综合指标衡量各工业行业用水的状况和水平是较为合理的,行业的 M 值越大,表示该行业工业用水状况良好,节水水平高,水资源利用率高,排污少,产品和产业结构适合北京市严重缺水的客观条件,应属于节水型的工业行业。

M 值越小,工业用水状况与上述情况相反,这就值得进一步研究,对那些用水多,排污多,经济效益差的耗水型工业企业应限制发展,或进行产业结构调整。通过调整,使 M 值大的工业行业增多,M 值小的行业减少,使北京市的工业逐步建成节水型的工业。

当然,北京应当优先发展哪些工业行业,限制发展哪些工业行业,以及适度发展哪些工业行业是由许多因素决定的,如能源、原材料、商品的市场,智力资源等,工业用水只是需要考虑的重要因素之一。

此外,M 值不仅能衡量各工业行业用水状况和水平,同时也是衡量同一工业行业的不同企业的用水状况和水平的一个综合指标。因为某一工业行业的 M 值是这一行业的平均用水状况,如果该行业的某个企业计算出的 M 值低于该行业的 M 值,那么可以肯定地说该企业在用水方面必然存在一定的差距,应该从 M 值的四个方面去查找原因,针对性的采取必要的措施,从而提高该企业用水节水水平。

在计算工业用水模式综合指标 M 值时,发现有个别例外,如服装及其他纤维制品制造业,1999 年其总用水量全市仅为 475.8 万 t,其万元产值新水量为全市平均工业万元产值新水量的 0.33 倍,万元增加值新水量为全市平均万元增加值新水量的 0.29 倍,也就是说 $\left(\frac{1}{R_c}\right)^{\frac{1}{3}}$ 和 $\left(\frac{1}{R_{ac}}\right)^{\frac{1}{3}}$ 值都较高,反映出产品的附加值高,经济效益好。这两项之和达 2.96,应属于较高的数值,然而重复利用率很低,仅为 9.6%,再由于有关部门没有测定和统计其排水量,因此,新水利用系数无法计算,估计其数值也很小,所以其 M 值也就是在 3.20 左右,按此 M 值排队,服装及其他纤维制品制造业应排到被限制发展的行业,而实际上北京的服装行业应加以优先发展,因为其用水量少,产品附加值高,北京又集中有高水平的服装设计人员和很好的消费市场,在北京发展高、中档的服装行业应在情理之中。之所以引起服装及其他纤维制品制造业用水重复利用率和新水利用系数很低的原因,主要是其总用水量少,企业规模小,每个企业用水量更少,企业不关注水的重复利用和减少排污等问题,如果一旦引起重视,在服装行业要解决这两个问题在技术上不是件困难的事情。一旦重视了重复利用问题之后,其综合指标 M 值有望达到 3.50 以上,服装行业可列入优先发展的工业行业。

从统计局来的数据看,每年统计的数字有一定的波动,用水情况也是动态的,但我们在测算了 1998 年各行业的 M 值后,与 1999 年各行业的 M 值比较,发现其数值只有很小的波动,没有改变优先发展、适度发展和限制发展的格局,具有一定的稳定性,说明工业用水模式综合指标 M 值对分析和考核各工业行业的用水状况和水平是有一定参考价值的。

总之,根据本课题提出的工业用水综合指标公式计算出的数据,可以明显看出北京工业各行业中优先发展、适度发展和限制发展的次序,为政府工业指导部门的决策提供重要的量化依据,具有很好的现实意义。

17.3 工业用水模式实施的保障措施

本课题详细论述了五项保障措施,这些保障措施为:大力调整北京工业的产业结构和工业布局;加强工业用水管理;倡导清洁生产;抓紧工业废水治理及污水资源化以及发挥水价的经济杠杆作用。这些措施是建设节水型工业的关键,其中有的是政府的既定政策,如调整工业结构和工业布局,有的是属于国内外前沿性的理论,如清洁生产及工业生态学,治理污染的环境经济学理论以及水价理论中的价格弹性系数,这些措施和理论对工业节水,水资源的优化配置和高效利用有一定的指导意义。

参考文献

1. 21世纪初期北京水资源可持续利用规划领导小组.21世纪初期首都水资源可持续利用规划总报告,1999.8
2. 中华人民共和国城乡建设环境保护部部标准.工业用水考核指标及计算方法,1987年;工业用水分类及定义,1987
3. 杨肇蕃、孙文章编著.城市和工业节约用水计划指标体系.中国建筑工业出版社,1993
4. 北京市用水调研课题组.北京市用水调查报告(1995年),1998年10月
5. 常明旺,侯继文编著.工业用水管理技术.山西科学教育出版社,1991.4
6. 曹型荣著.城市水资源的调查利用和预测.中国环境科学出版社,1998.8
7. 翁焕新编著.城市水资源控制与管理.浙江大学出版社,1998年7月
8. 李庆杨.数学分析.华中理工大学出版社,1998
9. 寿纪麟.数学建模.西安交通大学出版社,1993
10. 王进甲等.城市水环境对策.中国环境科学出版社,1988
11. (美)W.拜尔斯等.工业水再利用的系统方法.冶金工业出版社,2000
12. 汪应洛,刘旭著.清洁生产.机械工业出版社,1998
13. 北京市城市节约用水办公室,北京市经济信息中心.北京市水的合理价格体系及实施策略研究,2000.12
14. 姜文来著.水资源价值论.科学出版社,1998
15. 沈大军等著.水价理论与实践.科学出版社,1999

16. The water encyclopedia. 2nd edition. USA
17. P、Howsam and R、C, carter. Water Policy. allocation and management in plactice,1996
18. Optimizing the resources for water management proceeding of the 17th annual national conferenee. New york. America society of civil engineers ,1996
19. Institutions for water resources management in Europe. Edited by Francisco Numes Correia Volume I,1998
20. Thompson,stephen Andrew. Water Use. management and Planning the United states,1998
21. 国土厅长官官方水资源部编.日本の水资源——地球环境问题と水资源,平成10年版
22. 北京统计年鉴,(1990～2000年)
23. 中国水利年鉴,1996年、1997年、1999年
24. 中国统计年鉴,1999年

李桂枝　　北京工业大学
刘红　　北京城市节约用水办公室

18 北京市城区草坪灌溉制度及喷灌设备配套技术的研究

现代灌溉设备在北京市绿地灌溉中已得到广泛使用,大量的人工草坪安装了喷灌设备。但是,由于对草坪喷灌溉技术缺乏全面深入的研究,在喷灌系统的设计、设备配套和运行操作中存在许多急待解决的问题。其中较为普遍的问题是草坪灌溉没有合理科学的灌溉制度,只凭"经验"灌水,水的浪费严重;喷灌系统设计、设备配套缺乏明确的技术标准(参数),一些喷灌工程建成后,达不到预期的使用效果。针对这种情况,2001年我们完成了北京市城市管委下达的"城市园林节水灌溉设备配套及其应用技术研究"项目。本文论述了该项目的主要研究成果。

18.1 常用草坪草需水规律与草坪灌溉制度的试验

草坪草的需水规律是制定草坪灌溉制度的依据,而合理的草坪灌溉制度是草坪节水灌溉技术的基本"软件"。本项目选择北京市城区使用较多,对水分敏感的3种冷季型草坪草,黑麦、早熟禾、高羊茅进行需水规律试验,并根据北京市城区草坪的具体条件分析确定北京市城区草坪灌溉制度初步方案。

1. 草坪草需水规律

本项试验在中国农大东校区现代设施农业试验场内进行,用小区模拟喷灌,设3种供水量处理,每种处理设3个重复,于1999年至2000年进行了两个生长周期的试验。结果表明,尽管各种草的植株形态和水分生理不同,对水的反应不同,但耗水量变化规律基本一致:

(1) 草坪草的耗水率(每日耗水量)一年内的变化随气温的升高,蒸发量的增大而增大,月平均耗水率1~2月份最低,3月份以后耗水率逐渐增大,至6~7月份达到最高值,此后缓慢下降至次年1月份;

(2) 同一种草在同一时期供水量越大,耗水率也越大;

(3) 6月份是草坪草耗水高峰期,3种处理耗水率峰值(mm/d)为:

	处理1	处理2	处理3
旬平均	8.0~9.0	5.0~6.0	4.6~5.0
月平均	7.8~8.0	4.2~4.5	3.3~4.5

(4) 3种草的3种供水量处理,均生长正常,说明对水分的适应宽度较大,为采

用节水型灌溉制度,节约灌溉用水提供了可能的依据。

2. 草坪灌溉制度

以草坪草需水规律为依据,综合考虑北京市城区气候、草坪土壤、水源、管理条件、养护的要求,分析确定北京市城区草坪灌溉制度初步方案如表1-18-1。

北京市城区草坪灌溉制度初步方案　　　　表1-18-1

月　份	灌水次数	一次灌水量(mm)	旱期灌水间隔(d)	灌水量(mm)
1				
2				
3	1～2	16～17	10～15	17～32
4	2～3	17～18	10～12	36～51
5	3～4	17～18	6～8	54～68
6	4～5	17～18	5～7	72～75
7	4～5	17～18	5～7	72～75
8	3～4	17～18	5～7	54～68
9	2～3	16～17	10～12	34～48
10	1～2	16～17	10～15	17～32
11	1～2	16～17	15～18	18～32
12	0～1	16～18		0～18
全年	25～30			425～540

注:1. 灌溉用水量为净用水量,实际用水量(毛用水量)应除以灌溉水利用系数,一般可取0.8～0.85。
　　2. 全年灌溉次数和灌溉用水量是根据实际分析确定的。
　　3. 各月灌水次数和灌水量取值有一范围,是因为各草坪所处的具体条件不同,如草种、土壤特性、阴阳面、供水条件、气候变化等,各个草坪可根据具体条件取值。

由表1-18-1可知,北京市城区草坪一年灌水次数25～30次,灌溉用水量0.50 m^3/m^2～0.68m^3/m^2。

18.2　常用园林喷灌系统技术参数

喷灌系统技术参数是喷灌系统设计、设备配套的依据,也是衡量喷灌质量的技术指标。其取值是否合理影响喷灌系统工程投资、运行费用和节水效果,也影响草坪的质量。因此,对喷灌系统技术参数的研究是喷灌系统设备配套的重要内容。

1. 研究方法

选择北京市园林喷灌常用的几种喷头进行水力学测试以及组合模拟分析相配合进行研究。水力测试的喷头有美国雨鸟(Rain Bird)公司的 R-50 型、亨特

(Hunter)公司的 PGP 型,以色列雷欧(Lego)公司的 7450 型、澳大利亚易润(Irritrol)公司的 XL 型,中国万德凯(WATEX)的 6000 型、川力的 CDP-X-L 型。模拟分析选用两种具有代表性的中射程喷头,美国雨鸟公司的 R-50 型和亨特公司的 PGP 型。

2. 组合形式及几何参数

喷头组合形式采用园林喷灌系统最普遍的形式,正方形组合和正三角形组合。组合几何参数为

$$k_a = \frac{a}{R} \tag{1}$$

$$k_b = \frac{b}{R} \tag{2}$$

式(1)和式(2)中,k_a 和 k_b 为组合系数,k_a 又称为喷头间距射程比,k_b 又称为支管间距射程比;a 和 b 分别为喷头间距(m)和喷头行距(支管间距)(m);R 为喷头射程(m)。

组合几何参数在 0(零)漏喷组合范围内取值。0(零)漏喷组合是指喷灌受水面积内获得喷洒水的最大喷头间距和行距(支管间距)。由组合图形可得出:

正方形组合 $\qquad a_{\max} = 1.414R \tag{3}$

$\qquad\qquad\qquad b_{\max} = 1.414R \tag{4}$

正三角形组合 $\qquad a_{\max} = 1.732R \tag{5}$

$\qquad\qquad\qquad b_{\max} = 1.5R \tag{6}$

式(3)~式(6)中:$a_{\max}$ 和 $b_{\max}$ 分别为 0(零)漏喷组合的喷头最大间距和行距(支管间距);R 为喷头射程。

模拟组合采用的组合系数为:

正方形组合 $\quad k_a = 0.9, 1.0, 1.1, 1.2, 1.3, 1.4$

正三角形组合 $\quad k_b = 0.9, 1.0, 1.1, 1.2, 1.3, 1.4, 1.5, 1.6, 1.7$

3. 喷灌技术参数

(1) 组合平均喷灌强度 $\bar{\rho}$(mm/h):

$$\bar{\rho} = \frac{\sum_{i=1}^{n} \rho_i}{n} \tag{7}$$

式中,ρ_i 为喷灌面积测点喷灌强度(mm/h);n 为测点数。

(2) 喷灌均匀系数 C_u:

$$C_u = 1 - \frac{\sum_{i=1}^{n} |\rho_i - \bar{\rho}|}{n} \tag{8}$$

式中各符号意义同前。

(3) 喷灌水分布系数 D_u:

$$D_u = \frac{\bar{\rho}_{\min}}{\bar{\rho}} \tag{9}$$

式中,$\bar{\rho}_{\min}$ 为最小的 25% 个测点喷灌强度平均值(mm/h);其余符合意义同前。

(4) 喷灌水利用系数 η:

$$\eta = 1 - \frac{\sum_{i=1}^{n}(\rho'_i - \bar{\rho})}{n'} \tag{10}$$

式中,ρ'_i 和 n' 分别为测点中小于平均喷灌强度的点喷灌强度及其点数,其余符号意义同前。

4. 模拟分析结果

(1) 喷头组合形式及其几何参数对 C_u 的影响。

R-50 和 PGP 两种喷头组合模拟喷洒分析,组合形式及其组合几何参数 k_a 对喷灌均匀系数 C_u 的影响如图 1-18-1。

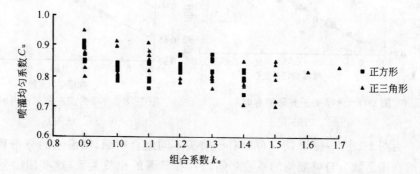

图 1-18-1 两种喷头组合 C_u 与组合形式 k_a 的关系

由图 1-18-1 可看出:

1) k_a 取值的大小,对 C_u 有一定影响,大体的趋势是 k_a 增大(即喷头间距变大),喷灌均匀系数 C_u 趋于变小。但由于不同喷头水力特性的差异,在不同工作压力作用下,单喷头沿喷射径向喷灌强度分布特点不同,这种影响存在明显不确定性;

2) 在 k_a 取值相同的情况下,喷头正方形组合和正三角形组合与均匀系数 C_u 大小存在不确定性的关系,C_u 的大小与喷头水力特性和工作压力有关;

3) 在 0 漏喷 $k_a = 0.9 \sim 1.4$ 范围内,$C_u = 0.775 \sim 0.875$ 占 90% 以上。

上述表明,选择具有良好水力性能和合适的工作压力是取得高均匀系数,高喷灌质量的基础。

(2) 喷灌的分布系数 D_u 和水利用系数 η 与均匀系数 C_u 的关系。

将两种组合模拟喷洒分析结果绘成图 1-18-2~图 1-18-5,分别表示出正方形组合和正三角形组合情况下喷灌水的分布系数 D_u 和水的利用系数 η 与喷灌均匀系数 C_u 之间的关系。

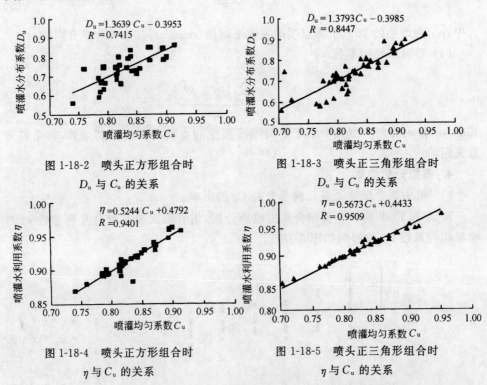

图 1-18-2　喷头正方形组合时
D_u 与 C_u 的关系

图 1-18-3　喷头正三角形组合时
D_u 与 C_u 的关系

图 1-18-4　喷头正方形组合时
η 与 C_u 的关系

图 1-18-5　喷头正三角形组合时
η 与 C_u 的关系

由图 1-18-2～图 1-18-5 可以看出喷头不同组合喷洒，喷灌水的分布系数 D_u、水的利用系数 η 与喷灌均匀系数之间均存在显著的相关关系，这些回归公式可用于估算草坪灌水不足的程度和喷灌水的利用系数。因此喷灌均匀系数 C_u 是衡量喷灌系统喷灌质量最基本的技术参数，也是喷灌系统设计、设备配套最重要的技术参数。

18.3　草坪喷灌系统设备配套模式

合理的喷灌系统设备配套应以喷灌质量技术参数为依据，并达到喷灌工程和运行费用低，节约喷灌用水，保护草坪，促进草的正常生长等要求。本项目研究了喷灌系统设备合理配套的一些问题。

1. 喷灌质量技术参数的确定

由于各个草坪所处的位置不同，养护要求不同，将北京市城区草坪分为 3 个等级，分别确定喷灌质量技术参数，以节省喷灌费用。表 1-18-2 为不同等级草坪喷灌质量技术参数推荐值。

北京市城区草坪喷灌质量技术参数推荐值　　　　表 1-18-2

草坪等级	喷头组合形式	喷灌均匀系数 C_u	喷洒水分布系数 D_u	喷水利用系数 η
1级	△,□	0.85	0.77	0.93
2级	□	0.82	0.73	0.91
3级	□	0.80	0.70	0.90

注：□表示喷头正方形组合；△表示喷头正三角形组合。

2. 干管经济管理公式的推导

喷灌系统干管年费用为管道年固定费与运行动力费之和，即

$$C = C_1 + C_2 \tag{11}$$

式中，C 为干管年费用；C_1 为干管年固定费（或折旧费）；C_2 为干管年运行动力费。

$$C_1 = k_d d^b \left(\frac{1}{T} + \frac{\beta}{200} \right) \tag{12}$$

$$C_2 = \frac{rQte(i-i_0)}{102 \times 3600} j \tag{13}$$

式中，k_d 为管道价格系数；d 为管道内径（mm）；b 为管道价格指数；T 为管道有效使用年限（年）；β 为工程投资利率（%）；r 为水的密度（kg/L）；Q 为流量（L/h）；t 为干管每年工作小时数；i 为单位长度干管水头损失（m/m）；i_0 为干管坡度（m/m）；j 为局部阻力损失加大系数；e 为单位电能价格（元/度）。

将式(11)和式(13)代入式(12)，并以哈——威公式计算 i，推导出喷灌系统干管（PVC）经济管径的公式

$$d = C_0^{1/(b+4.77)} Q^{2.77/(b+4.77)} \tag{14}$$

其中

$$C_0 = 1230 \frac{tej}{k_d b \left(\frac{1}{T} + \frac{\beta}{200} \right)}$$

将式(14)应用于北京市园林喷灌系统，可得到

$$d = 8.732 t^{0.154} Q^{0.425} \tag{15}$$

式中，d 为 PVC 干管经济管径（mm）；t 为干管一年工作小时数；Q 为干管流量（m³/h）。

根据草坪灌溉制度的初步方案，全年灌水 30 次，$t = 75$h，可得到估算喷灌系统 PVC 干管经济管径的公式：

$$d = 17 Q^{0.425} \tag{16}$$

3. 喷头水力性能及组合与土壤特性的匹配

喷灌的基本要求之一，是喷头组合喷灌强度不大于草坪土壤的入渗强度，而喷头组合喷灌强度的大小取决于喷头的流量和组合的形式及其组合间距。以往的设

计方法是先进行初步喷头选型和组合,然后校核喷灌强度,若不满足要求,再重新选型组合。本项目研制出在喷头正方形组合条件下喷头流量、组合间距与土壤特性匹配图(图 1-18-6),用于喷灌系统的设计和配套设备可以简化工作程序,而且保证了对喷灌强度的要求。

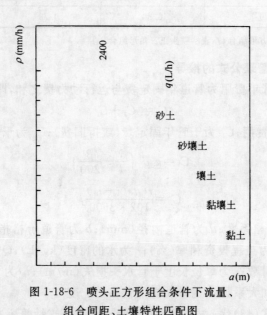

图 1-18-6 喷头正方形组合条件下流量、
组合间距、土壤特性匹配图

图 1-18-6 的使用方法是根据喷头制造商提供的水力性能资料,喷头工作压力 H(kPa),流量 q(L/h),有效射程 R(m)系列与初步选定的组合间距相配合,确定一组落在设计草坪土壤容许喷灌强度横线下方的配合作为设计匹配值。在匹配选择时,应尽可能选择制造商推荐的喷头最佳工作压力匹配值。

图 1-18-6 是草坪地面坡度为 0 的条件下得出,对于不同坡度的地面,土壤允许喷灌强度横线下移值为:

地面坡度(%)	允许喷灌强度降低(%)
<5	0
5~8	20
9~12	40
13~20	60
>20	75

4. 喷灌单元设备配套模式

喷灌单元是指喷灌系统一条支管及其所控制的面积,又称为喷灌小区,其设备包括支管、喷头及其上面的控制阀门和压力调节器,以及支管末端的泄水阀等。根据上面的研究,对北京市城区草坪喷灌单元,以常用的 R-50 和 PGP 型喷头为代表进行分析,提出北京市城区草坪喷灌单元配套模式如表 1-18-3。

北京市城区草坪喷灌单元设备配套模式　　　　　表 1-18-3

草坪等级	喷头与喷嘴型号	喷头组合系数 k_a	支管直径 D(m)	支管最大长度 L(m)	支管进口阀门形式
1 级	R-50　6 号嘴 PGP　10 号嘴	1.1	32 40 50	45 75 100	电磁阀
2 级	R-50　4 号嘴 PGP　8 号嘴	1.3	32 40 50	50 80 125	电磁阀或球阀
3 级	R-50　4 号嘴 PGP　8 号嘴	1.4	32 40 50	80 110 180	球　阀

5. 干管及首部配套方案

喷灌系统干管配套规格可按经济管径式(15)或式(16)确定。首部设备配套按水源类型建议采用表 1-18-4 配套方案。

北京市城区草坪喷灌系统首部设备配套建议方案　　　　表 1-18-4

水　源　类　型	水　泵	过　滤　器
井　水	IC 型、QJ 型	无
自　来　水	管道增压泵	无
河、湖、塘水	BP 型、D 型、AD 型	砂式＋网筛式 80 目/英寸或网筛式 80 目/英寸

18.4　结　束　语

(1) 根据试验得到北京市城区三种草坪草需水规律和草坪灌溉制度的初步方案,可供各个草坪实行节水灌溉参考。由于影响草坪灌溉制度的因素非常多,各个草坪应根据本身的具体条件制定出合理的灌溉制度,在实践中不断总结经验,逐渐形成符合实际条件的节水型灌溉制度。

(2) 草坪喷灌系统设计、设备配套涉及一系列的问题,其中包括喷灌技术参数,喷灌系统干管经济管理,喷头的组合等,这些问题的研究是由几种常用喷头试验分析得出的结论,对使用这类喷头设计喷灌系统时,可以应用,对于其他类型喷头可以参考。

(3) 本文提出的喷灌系统设备配套模式是基于北京市的条件所确定的技术参数和两种常用喷头经过分析计算得到的。对于其他类型的喷头喷灌系统设计,设备配套具有参考意义。

(4) 园林节水灌溉涉及的问题很多,还有许多问题有待于研究,本文所论述的问题也有待于在实践中进一步完善。

         郑耀全 李光永 严海军 肖娟 黄权中
    詹卫华 刘婴谷 中国农业大学水利与土木工程学院
         汪宏玲 北京城市节约用水办公室
           揭俊 北京市园林局
           许平 中国灌排技术开发中心

19　草坪污水灌溉系统与灌溉制度研究

草坪是现代化城市不可分割的构成部分,草坪绿化用水在市政用水中占有很大比例,Linaweaver 等报道在美国西部约有一半的市政用水用于浇灌户外草坪及其他植被,草坪灌溉加剧了日趋严重的城市水危机。为了缓解日益突出的城市用水供需矛盾、减少污水排放对城市洁净水体的污染,污水回用于草坪灌溉正成为城市污水资源化的重要途径,研制和开发经济可行、技术可靠、操作简便、运行费用低的草坪污水灌溉系统对城市污水资源化的具体实施具有重要意义。

草坪灌溉制度是指草坪在一定的气候、土壤和管理水平等条件下,为获得高质量草坪所需的灌溉定额、灌水定额、灌水次数、灌水时间,它是草坪灌溉工程规划设计、用水管理的主要依据。在制定草坪的灌溉制度时,草坪草耗水规律特征的研究是基础。国际上自 20 世纪 80 年代以来已有关于草坪草耗水规律方面的研究,但国内有关这方面的研究仍是空白。此外,由于近年来污水资源化的一个重要方面,就是利用污水进行草坪草的灌溉,其优点在于污水中包含有各种可供植物生长利用的营养元素(N,P,K 等),对植物的生长有促进作用,因而有可能改变植物的耗水特征。同时污水中还有许多有害的物质如盐分(总盐度 EC 和 Na^+),这些总盐分在土壤中累积到一定的程度达到或超过某一临界值时,有可能使植物根系受到反渗透的影响,而改变植物的耗水特征;当土壤中 Na^+ 的浓度较高时则对土壤结构产生破坏,降低土壤的导水和储水性能,并进而影响植物的耗水特征。

本研究提出了一种适合于城市生活污水的处理技术和配套的草坪草灌溉系统,对所提出的污水处理系统的运行效果进行了观测分析和评价,同时通过草地早熟禾、多年生黑麦草、高羊茅三种典型冷季型草坪草在所选定的灌溉方式下进行灌溉田间对比试验,研究了草坪草的耗水规律,并制定了相应的灌溉制度。

19.1　草坪污水灌溉系统设计

1. 草坪污水灌溉系统设计依据

草坪污水灌溉系统包括污水处理和污水再利用两个方面,这两个方面相辅相成,紧密联系。在草坪污水灌溉系统设计中,适宜的草坪污水灌溉水源和灌水方法及配套设备有待选择,与污水灌溉水源、灌水方法、灌水设备相配套的污水处理程度和污水处理方法及相应处理设施也有待于确定和选择。一般而言,一个完善的草坪污水灌溉系统须符合以下条件：(1)不影响公共健康；(2)不影响草坪生长发育；(3)进入土壤的污染物不超过土壤污染物负荷；(4)保证灌溉系统正常运行；(5)工程易建，工程成本和运行费用低。也就是说，简单、可行、经济、安全是草坪污水灌溉系统设计的基本原则。

(1) 草坪污水灌溉系统灌溉水源的选取。

污水灌溉，简称污灌，是指直接或间接地利用生活污水或工业废水进行灌溉。工业污水是工厂企业在生产过程中产生的废水，由于使用原料和生产工艺的不同，工业废水的成分十分复杂，既含有机物又含有无机物，而且常含有危害性大的有毒物质，不适于被用做污水灌溉的灌溉水源。生活污水指的是日常生活用过的水，主要来自居住区及公用建筑物，水中含有大量植物需要的有机物及氮、磷、钾等营养元素，而对植物有害并会引起土壤重金属污染的汞、铬、铅、砷、镉等重金属元素含量一般符合《农田灌溉水质标准》(GB 5084—92)，是适宜于污水灌溉的灌溉水源。另外，生活污水占城市污水的比例高，以北京市为例，1988年北京市年污废水的排放量为 8.1 亿 m^3，其中生活污水占51%，工业污水占49%，充足的生活污水为本系统的应用奠定了基础。基于此，本设计选取生活污水作为草坪污水灌溉系统的灌溉水源。

(2) 污水处理程度确定和污水处理方法的选择。

按照美国《水回用建议指导书》，污水经过二级处理后，还要经过过滤和消毒才能用于高尔夫球场、公园绿地树林和公墓绿地灌溉。虽然污水经过二级处理能达到较高的水质标准，但由于二级处理成本较高，经过二级处理的污水再利用必将受到一定限制。在简单、可行、经济、安全的原则下，确定适宜的污水处理程度和选择适宜的污水处理方法，是草坪污水灌溉模式设计中有待解决的问题。有关学者认为，在农田灌溉的引污源头建立预处理系统是实现城市污水安全灌溉的有效途径。美国环境保护局曾对一些经不同程度处理的污水土地处理系统进行了30年以上的对比分析，认为无论是一级处理出水或二级处理出水，用快速渗滤的灌溉土地处理系统，无论对植物和地下水均无不良影响。有些学者还认为经一级处理后的城市污水，其碳氮比有利于土壤微生物的发育生长，这样更能充分发挥土壤微生物对有机物的降解作用。实际情况表明，污水处理超过二级则会处理掉大部分植物所需的营养成分，与此同时还将产生污泥和污泥的处理问题。事实上，对污水处理程度的确定和污水处理方法的选择取决于回用水的目的和用途，对草坪污水灌溉而言，土壤——微生物——草坪草生态系统是天然的净化器，污水灌溉本身就是对污水的处理，但是这个生态系统的净化和缓冲能力是有一定限度的，污水进入土壤前进行预处理还是必要的。因此，本设计选择过滤和沉淀两种简单易行的污水处理方法只对污水进行一级处理，这样既有利于草坪草对污水中营养元素的充分利用，又有利于降低污水处理成本。

(3)草坪污水灌溉灌水方法的选择。

在草坪灌溉管理中,最常采用的灌水方法是喷灌。目前,草坪污水灌溉也多采用喷灌技术,尤其在用污水灌溉的高尔夫球场。Camann等研究发现,在灌溉场地顺风方向至少200m范围内,污水喷灌空气中粪大肠杆菌、粪链球菌、分支杆菌和大肠杆菌噬菌体密度显著高于灌溉场地周围环境的背景值。Oron等研究表明,在甜玉米清水滴灌、污水滴灌、污水地下滴灌三种灌水方法中,污水地下滴灌植物受污染最小。Phene等超过十年的研究证实,用地下滴灌系统进行污水灌溉能将非点源农业硝酸盐污染减至最小程度。与喷灌相比,在保护公众健康方面,地下滴灌优越性明显。在草坪污水灌溉系统设计中,地下滴灌作为一种灌水方法被采用。渗灌与地下滴灌有许多相似之处,渗灌在草坪污水灌溉系统设计中作为一种参比灌水方法也被采用。

2. 草坪污水灌溉系统设计

根据选定的污水处理方法和灌水方法,我们设计了两种草坪污水灌溉系统,它们是草坪污水地下滴灌系统和草坪污水渗灌系统,其工艺流程如图1-19-1所示。

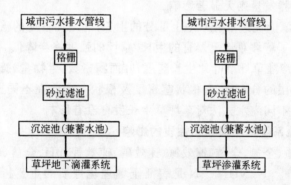

图1-19-1 两种草坪污水灌溉系统工艺流程

整个草坪污水灌溉系统由污水处理系统和污水灌溉系统两大部分组成,这两大部分呈一体化结构设计。其中,污水处理系统由一个砂过滤池和一个沉淀池(兼蓄水池)组成,砂过滤池装填三层滤料,水力负荷为 $1.1 m^3/(m^2 \cdot h)$。污水灌溉系统由首部枢纽(包括水泵、过滤器、流量计、压力表等)、干管、支管、毛管及其连接件组成。

草坪污水灌溉系统整个装置置于地下,之所以这样设计,有三个原因:首先,整个装置置于地下,有利于污水管线中的污水以自流的形式经格栅流入砂过滤池,可节省污水泵站的修建和运行费用。其次,整个装置置于地下,可防止污水产生的有味气体外逸,有利于环境卫生。再者,整个装置置于地下,其地上部分仍可建植草坪,有利于和周围环境保持协调。

19.2 草坪污水灌溉系统运行效果评价

1. 污水灌溉系统对草坪草生长发育的影响

叶片生长速度、叶面积指数、生物量、根系密度、根系分布、根状茎密度、根状茎分布、营养元素含量、腾发量是衡量草坪草生长发育状况的重要生理生态指标。为评价两种污水灌溉系统对草坪草生长发育的影响,我们对上述指标进行了观测和计算,观测和计算结果表明:

(1) 与黑麦和高羊茅两种草坪草相比,虽然早熟禾根系和根状茎欠发达,但早熟禾对夏季高温的生态适应性强、草质细软,颜色光亮鲜绿,再生能力强,盖度和密度大,是草坪污水灌溉系统在北京地区应用的适宜配套草坪草种,尤其适宜于起绿化、美化作用的观赏草坪的建植。

(2) 污水灌溉对草坪草叶片生长速度、叶面积指数、根系密度、根状茎密度及分布比例、氮元素含量有显著影响,而对草坪草生物量、根系分布比例、磷元素含量、钾元素含量、腾发量则无显著影响。

(3) 污水灌溉能促进草坪草地上部分的生长,能增加草坪的盖度和密度,但由于污水灌溉削弱了草坪草地下器官的生长,草坪的强度将会降低。

(4) 滴灌和渗灌草坪草叶片生长速度、叶面积指数、生物量、腾发量、根系密度及根系在不同土层的分布比例、根状茎密度及根状茎密度在不同土层的分布比例差异均不显著。不同灌水方法对草坪草生长发育没有影响。

2. 污水灌溉系统对土壤理化性质的影响

密度、有机质、全氮、全磷、速效氮、速效磷、速效钾、pH、全盐、K^+、Na^+、Ca^{2+}、Mg^{2+}、Cl^-、NO_3^--N、NH_4^+-N 是表征土壤理化性质的重要指标,为评价两种污水灌溉系统对土壤理化性质的影响,我们对上述指标进行了分期测定,测定结果表明:

(1) 污水灌溉对土壤全磷、速效磷、速效钾、全盐、K^+、Na^+、Ca^{2+}、Cl^- 含量有显著或极显著的影响,对密度、有机质、全氮、速效氮、pH、Mg^{2+}、NO_3^--N、NH_4^+-N 八项土壤理化指标则无显著影响。

(2) 在不配合施肥的条件,污水灌溉引起土壤磷钾营养元素的相对亏缺,但污水中所含的氮元素能满足草坪草对它的需求且不会发生富积。

(3) 污水灌溉引起盐分在浅层土壤中的显著积聚,其中 Na^+、Ca^{2+}、Cl^- 累积明显。

(4) 污水灌溉未引起土壤有机物、氮、磷物质的富积,进入土壤的有机物和氮、磷物质不超过土壤——微生物——植物系统污染物负荷。

(5) 密度、全磷、速效磷、速效钾、NO_3^--N、Na^+ 六项土壤理化指标两种污水灌溉灌水方法差异显著或极显著,土壤有机质、全氮、速效氮、pH、全盐、K^+、Ca^{2+}、Mg^{2+}、Cl^-、NH_4^+-N 含量两种污水灌溉灌水方法差异不显著。

(6) 与污水滴灌相比,污水渗灌在改善土壤物理性质、提高土壤养分含量、减少对土壤结构有破坏作用的 Na^+ 的累积三个方面具有一定的优越性。

3. 污水预处理装置污染物去除效果及水质评价

污水预处理系统污染物去除效果　　单位:mg/L(pH 除外)　　表 1-19-1

指标	COD_{cr}	BOD_5	SS	TDS	TN	TP	NH_4^+-N	K^+	Na^+
原污水	5290	2640	1140	1380	2680	65.4	1830	107	204
处理后污水	1660	1050	25	1300	785	10.1	540	93.8	177
去除率(%)	68.6	60.2	97.8	5.8	70.7	84.6	70.5	12.3	13.2

指标	Ca^{2+}	Mg^{2+}	Cl^-	As	Cr	Pb	Hg	Cd	pH
原污水	125	49.3	395	<0.02	0.054	<0.05	0.0025	<0.002	7.62
处理后污水	237	58	278	<0.02	0.045	<0.05	<0.0001	0.004	7.43
去除率(%)			29.6		16.7				

表 1-19-1 表明,供试污水处理系统对污水 SS 的去除效果最好,达 97.8%;对 TP、TN、NH_4-N、COD_{cr}、BOD_5 也有较好的去除效果,去除率分别为 84.6%、70.7%、70.5%、68.6% 和 60.2%;对 Cl^-、Cr、Na^+、K^+、TDS 有一定的去除效果,去除率分别为 29.6%、16.7%、13.2%、12.3% 和 5.8%。

供试污水 pH、As、Cr、Pb、Hg、Cd 六项指标在处理前后均符合《城市污水处理厂二级排放标准》(GB 8978—88)和《农田灌溉水质标准》(GB 5084—92),表明供试污水的酸碱度适合草坪草生长,且污水灌溉不会造成土壤重金属污染。

污水处理后 SS 低于《城市污水处理厂二级排放标准》(GB 8978—88)和《农田灌溉水质标准》(GB 5084—92),污水进入土壤后不会造成土壤孔隙堵塞而影响土壤渗透性,试验也表明,污水灌溉对土壤密度无显著影响。

处理后污水 COD_{cr}、BOD_5 两项指标远远高于《城市污水处理厂二级排放标准》(GB 8978—88)和《农田灌溉水质标准》(GB 5084—92),COD_{cr}、BOD_5 一般不影响植物的生长,是植物很好的有机肥。因土壤——微生物——植物系统具有很强的净化能力,污水灌溉带入土壤中的有机物很容易被去除,这正是污水灌溉具有的而其他任何人工处理方法不能与之相比的优点。试验表明,污水灌溉对土壤有机质含量无显著影响,说明污水灌溉 COD_{cr}、BOD_5 进水浓度低于土壤——微生物——植物系统污染物负荷,供试污水经处理后灌溉草坪不会影响草坪生长,也不会发生土壤堵塞等不良现象。

处理后污水 TN 远远高于《农田灌溉水质标准》(GB 5084—92),TP 略高于《农田灌溉水质标准》(GB 5084—92),氮、磷、钾是草坪草必需的营养元素,处理后污水中氮磷钾的比值为78∶1∶9,污水中磷钾营养元素所占比例显然偏少。试验表明,污水灌溉促进了草坪草地上部分的生长,也促进了草坪草对氮、磷、钾三种营养元素的吸收,由于污水中富氮而磷钾不足,污水灌溉对土壤氮元素含量无显著影响,但引起土壤磷钾元素的亏缺。说明用处理过的污水灌溉草坪不会引起土壤氮磷污染,但为保持草坪草养分平衡,草坪污水灌溉须酌量配施磷钾肥。

处理后污水 TDS 略高于《农田灌溉水质标准》(GB 5084—92),试验表明,污水灌溉导致土壤表层显著积盐,但由于土壤含盐量远小于 0.1%(非盐渍土,土壤盐渍化分类),尚不会发生土壤次生盐渍化现象,即使长期污水灌溉,也不必担心土壤会发生次生盐渍化。据污水调查,北京东郊污水中的全盐量一般为 1300mg/L(范围为 940~1950mg/L),灌溉 15 年后,该地区土壤中盐分有一定积累,土壤全盐量达 0.166%,比同类型非污灌土全盐量(0.04%~0.1%)和该地区清灌全盐量(0.127%)略高,并有随污灌年限增加而增高的趋势,但并未达到盐渍化。

污水处理前后钠吸附比(SAR)分别为 3.9 和 2.6,按美国灌溉水质分类标准,供试污水属低钠害水,进入土壤后不会引起土壤物理性质的恶化。虽然污水中 Na^+ 含量较高,并造成土壤表层 Na^+ 显著积聚,但是污水灌溉并不会对土壤物理性质产生不良影响。

一般情况下,土壤中 Cl^- 含量达 0.05%~0.10%时,植物生长处于明显抑制状态,当土壤含 Cl^- 达 0.4%~0.8%时,植物死亡。处理后污水 Cl^- 略高于《农田灌溉水质标准》(GB 5084—92),试验表明,污水灌溉 Cl^- 在 15~30cm 土层有明显积累,但由于土壤 Cl^- 含量远小于 0.05%,污水灌溉导致的 Cl^- 积累并不会对草坪草产生危害。

4. 污水灌溉系统运行可靠性评价

为评价草坪污水灌溉系统运行的可靠性,运行试验结束后,我们将埋在地下的供试滴灌管和渗灌管全部挖出并在实验室对灌水器流量进行了测定。测定结果表明,清水滴灌、污水滴灌滴头平均流量分别为 3.77L/h 和 3.84L/h,经方差分析,两种灌溉水源滴头平均流量差异不显著。清水滴灌、污水滴灌滴头流量变异系数分别为 0.04 和 0.08,污水灌溉滴头的出水均匀度有所下降。因为污水灌溉滴头流量变异系数在 0.1 以下,所以,虽然污水灌溉滴头的出水均匀度有所下降,但其仍能满足滴灌灌水均匀度要求。总的看来,经过一个时期的使用,草坪污水滴灌系统仍能保持正常运行并能满足滴灌灌水均匀度要求。

清水渗灌、污水渗灌渗灌管平均流量分别为 97.7L/(h·m) 和 91.5L/(h·m),经方差分析,两种灌溉水源渗灌管平均流量差异不显著。清水渗灌、污水渗灌渗灌管流量变异系数分别为 0.12 和 0.15。说明经过一个时期的使用,草坪污水渗灌系统也能保持正常运行并能达到较高的灌水均匀度。

5. 污水灌溉系统对公共健康的影响

污水灌溉可能导致在灌溉场地附近的空气、土壤和植物的微生物污染,危害公共健康。这种污染的范围决定于污水处理的程度、现有的气候条件、灌溉植物的种类和灌溉系统的设计,采用不同的灌溉方法会显著地影响潜在的病菌传播。用污水喷灌时,会形成气溶胶(约占污水的 $0.1\%\sim1\%$),能顺风方向传播细菌 750m,易污染周围环境,但是目前还没有发现气溶胶引发疾病;应用地下滴灌、渗灌系统时,不形成气溶胶,植物只有接触土壤的部分才与污水接触,在完整的根系里,不会发生微生物沿根系向上运动的现象,这样,既不会污染空气也不会污染植物的地上部分。根据世界卫生组织(1973年)为废水再利用所建议的处理程序,初次处理将足以允许用污水灌溉不直接用于人类消费的植物。起保护、绿化、美化环境作用的草坪不直接或间接用于人类消费,利用经过预处理的污水并采用地下滴灌、渗灌系统灌溉草坪,灌溉场地附近的环境安全和公共健康是有保障的。

6. 污水灌溉系统技术经济评价

就目前而言,城市可用于草坪灌溉的污水水源有两种,一是城市污水处理厂处理过并经中水回用管网输送到市区的符合杂用水水质标准的市政中水,二是就地处理回用的再生水。据北京市高碑店污水处理厂测算:如果不算管道成本,1t 中水的成本价也就 7 角钱,远远低于使用自来水的成本。但是要是把管道成本计算之内,那么使用中水就比自来水还贵。将污水集中到下游处理的方式不利于开发利用,从资源开发的角度分析既不经济也不合理。事实上,城市污水处理回用应采取上下游结合、集中处理回用与单位内部处理回用相结合的原则,要依据功能需要划分出污水处理等级,不同的标准采用不同的处理方式,确定不同的价格。两种污水水源相比,由于不计入中水回用管网成本,就地处理回用的再生水成本价低于使用自来水的成本,更远远低于城市污水处理厂处理过并经中水回用管网输送到市区的二级出水成本价,就地处理回用的再生水还可根据当地实际需要灵活地采用最经济的处理方式,与污水集中处理回用相比,污水就地处理回用更经济、合理。在机关、厂矿、学校、住宅区内部建立污水预处理装置并采用地下滴灌、渗灌系统灌溉草坪,都是经济、合理的系统。

19.3 草坪草耗水规律

受降雨、灌溉、蒸发、蒸腾及天气状况的影响,各土层的土壤水分在整个观测期内呈不同幅度的动态变化(图 1-19-2),其中表层(0~15cm)土壤水分的变化剧烈,是草坪草土壤水分活跃层,而其下土层土壤水分变化比较平稳,是草坪草土壤水分稳定层。据计算,在 0~15cm、15~30cm 土层内,土壤水分消耗分别占土层总消耗量的 52% 和 23%,这两个土层土壤水分消耗合计占土层总消耗量的 75%,是草坪

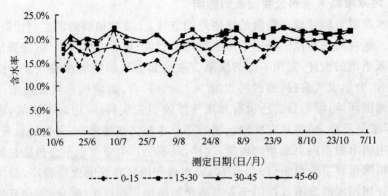

图 1-19-2 不同土层各处理平均土壤水分变化动态

主要耗水层。根据三种草坪草的实测结果,其根系大多生长在根颈以下 30cm 以内的土壤层中,其中 89.8% 的根系集中在 10cm 以上的土层中。草坪根系密集层的深度是决定土壤计划湿润层的主要条件,但考虑 0～30cm 土层是草坪主要耗水层,因此,草坪计划湿润层深度可定为 30cm。

根据实际测定的土壤含水率、灌水量和降雨量,利用水量平衡方程可计算得到草坪的实际耗水量:

$$ET_i = I + P + WC_{i-1} - R - D - WC_i \tag{1}$$

式中,ET_i 为 i 时段草坪草耗水量(mm);WC_i 为 i 时间土壤计划湿润层内的储水量(mm);WC_{i-1} 为 $i-1$ 时间土壤计划湿润层内的储水量(mm);I 为灌水量(mm);P 为降水量(mm);R 为地表径流(mm);D 为深层渗漏量(mm)。

按照对温度的生态适应性,草坪草可分为暖季型和冷季型两大类,草地早熟禾、多年生黑麦草、高羊茅均属冷季型草坪草。对于冷季型草种来说,在北京地区一年要经历返青、春季适宜期、夏季发病期、夏末秋初恢复期、秋季适宜期、冬季退绿及休眠期,草坪生长变化呈双峰曲线。从图 1-19-3 看出,污水灌溉条件下草坪草耗水规律和清水灌溉条件下草坪草耗水规律呈相似的变化趋势;方差分析表明,污水灌溉条件下草坪草耗水量与清水灌溉条件下草坪草耗水量差异不显著。受草坪草生长变化的影响,草坪草日耗水量变化也呈双峰曲线,与草坪草生长变化曲线基本吻合。草坪草第一个耗水高峰出现在 6 月中旬至 7 月下旬,峰值为 6.5 mm/d;草坪草第二个耗水高峰出现在 8 月下旬至 9 月下旬,峰值为 3.7mm/d。

19.4 草坪污水灌溉制度的制定

1. 降水年型的划分

以 20%、50%、80% 的降水保证率作为降雨年型的划分标准,采用降雨量时间

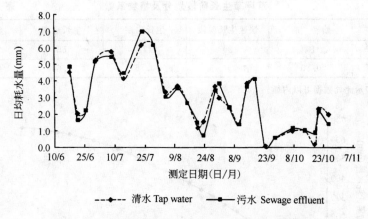

图 1-19-3 不同灌溉水源草坪草耗水量及变化规律

序列频率分析方法,通过对 1988~2000 年北京市气象局海淀站的降水资料进行统计分析,划定了不同降雨年型的降水量指标。年降水量≥728mm 为丰水年,≤431mm 为干旱年。

2. 返青水和冬灌灌水时间的确定

北京地区春季少雨多风,气候干燥,土壤失墒快,适时浇返青水可使草坪免受春旱威胁并促使草坪及早返青。返青水灌水时间不宜过早,若返青水灌得过早,因冻土层阻隔,导致上层土壤水分过多,严重影响根的呼吸作用,延缓返青生长。返青水灌水时间最好在土壤全部化冻以后,在北京平原地区 3 月中旬冻土全部解冻。

北京地区冬季寒冷干燥,冬灌是抗寒、保墒,并使草坪安全越冬的一项重要管理措施。冬灌,掌握适宜的时间是非常重要的。冬灌的最好时间是在昼消夜冻之时,在北京平原地区一般为 11 月下旬,此时日平均气温在 3℃左右。若温度太低,土壤结冰,水分不易下渗,地面水形成冰壳,反而引起冻害。冬灌也不宜过早,过早会使土壤水分大量蒸发,起不到冬灌的作用。

3. 草坪灌溉制度的确定

水量平衡方程是计算灌溉制度的基本公式,其形式为:

$$SMD_i = SMD_{i-1} + ET_a - P_{eff} - I + R + D \tag{2}$$

式中,SMD_i 为第 i 天土壤水分消耗量;SMD_{i-1} 为第 $i-1$ 天土壤水分消耗量;ET_a 为植物实际腾发量,采用以下公式计算:

$$ET_a = K_c \times ET_o \tag{3}$$

其中 ET_o 为参考植物腾发量,用 FAO 编制的 CROPWAT 软件进行计算;K_c 为植物系数。根据实测试验资料和气象资料的计算分析,选用草坪草的植物系数如表 1-19-2 所示。经计算,在北京市平原地区,草坪草从 3 月中旬到 11 月下旬全生育期内多年平均总耗水量为 645.2mm,其逐旬累计耗水量见图 1-19-4。

草坪草生长阶段划分及植物系数　　　　　　　　表 1-19-2

生长阶段	始　期	快速生长阶段	生长中期	生长后期	全生育期
长度(days)	10	20	175	55	260
植物系数(K_c)	0.30	*	0.75	0.65	

注：* 表示此处数据可以内插。

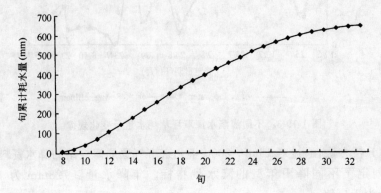

图 1-19-4　北京市平原地区草坪草逐旬累计耗水量曲线

P_{eff} 为有效降水量，P_{eff} 采用美国农业部土壤保持站（USDA Soil Conservation Service）的方法：

$$P_{eff}=P_{tot}(125-0.2P_{tot})/125 \quad P_{tot}<250\text{mm} \quad (4a)$$
$$P_{eff}=125+0.1P_{tot} \quad P_{tot}>250\text{mm} \quad (4b)$$

其他符号意义同前。

将经过计算或分析确定的各种有关参数输入计算机，用 FAO 编制的 CROP-WAT 软件进行计算，可分别计算出不同降雨年型草坪灌溉制度（表 1-19-3）。

不同降雨年型草坪污水灌溉制度　　　　　　　　表 1-19-3

降雨年型	灌水次数	净灌水定额		净灌溉定额	
		mm	m³/hm²	mm	m³/hm²
多年平均	22	17.7	177.0	389	3894
干旱年	25	17.9	178.5	447	4463
平水年	23	17.9	178.5	411	4106
丰水年	19	18.3	183.0	347	3477

参考文献

1. Linaweaver F P, Jr G C Geyer, J B Wolff. A study of residential water use. Federal Horsing Administration Technical Studies Program. U. S. Government

Printing Office, Washington, D. C. , 1967
2. 赵真. 北京市污水资源化问题浅析. 北京水利科技, 1988(2):57~59
3. 张自杰主编. 环境工程手册——水污染防治卷. 北京:高等教育出版社, 1996, 1387~1390
4. 严晔端, 张素荣. 建立预处理系统是实现城市污水安全灌溉的有效途径. 天津水利, 1996(2):38~45
5. 黄明敏. 浅论污水的土地处理和地下水的污染防护. 水文地质工程地质, 1990(6):47~48
6. Camann D E, Moore B E, Harding H J, Sorber C A. Microorganism levels in air near spray irrigation of municipal wastewater: the Lubbock infection surveillance study. Journal Water Pollution Control Federation, 1988, 60(11): 1960~1970
7. Oron G, Demalach Y, Hoffman Z, Keren Y, Hartman H, Plazner N. Wastewater disposal by sub-surface trickle irrigation. Water Science and Technology, 1991, 23(10-12):2149~2158
8. Phene C J, Ruskin R, Lamm F R. Potential of subsurface drip irrigation for management of nitrate in wastewater. Microirrigation for a changing world: conserving resources-preserving the environment, Proceedings of the Fifth International Microirrigation Congress, Orlando, Florida, U. S. A. , 2~6, April, 1995, 155~167
9. 王德荣, 滕静主编. 农田灌溉水质标准详解. 北京:中国农业科技出版社, 1992
10. 白瑛, 张祖锡编著. 灌溉水污染及其效应. 北京:北京农业大学出版社, 1988
11. Avnimelech Y. Irrigation with effluents: the Israeli experience. Environmental Science and Technology, 1993, 27(7):1278-1281
12. Ayers R S, Westcot D W. Water quality for agriculture. FAO Irrigation and Drainage Paper 29, FAO, Rome, Italy, 1976
13. Brian I B, Bravdo I, Bushkin-Harav, Rawitz E. Water consumption and growth rate as affected by growing height irrigation frequency and soil moisture[J]. Agron. J, 1981, 73:85~90
14. Aronson L J, Gold A J, Hull R J, et al. Evapotranspiration of cool-season trufgrasses in the humid-northeast[J]. Agron. J, 1987, 79:901~904
15. Kopec D M, Shearman R C, Riordam T P. Evapotranspiration of tall fescue turf[J]. Hortscience, 1988, 23:300~301
16. Shearman R C. Kentucky bluegrass cultivar evapotranspiration rates[J]. Hortscience, 1986, 23(3):455~457

17. White R H, Engelke M C, Morton S J, et al. Irrigation water requirement of zoysiagrass. Int. Turfgrass Soc. Res. J, 1993, 7: 587~593
18. 马燕玲. 草坪水分需求及研究趋势[J]. 国外畜牧学——草原与牧草, 1998, 81(2): 13~16
19. Smith M. CROPWAT-A computer program for irrigation planning and management, FAO Irrigation and Drainage Paper 46[M]. Rome, Italy: FAO, 1992, 21

黄冠华　杨建国　黄权中　　中国农业大学水利与土木工程学院
　　何建平　　孟光辉　　北京市城市节约用水办公室

第二篇 节水示范工程实例

1 蒸汽冷凝水回收利用工程

高温蒸汽冷凝水是指锅炉产生的高温蒸汽在经用汽部位后以及在输汽管道途中部分蒸汽凝结成的水,这部分水的水质较好,符合锅炉用软化水的水质标准,可重新注入锅炉使用,将节省大量的软化水,同时这部分水水温较高,在80～100℃之间,及时的重复利用这部分水,能节省大量的煤、电、气等能源,具有相当高的经济价值。

高温蒸汽冷凝水在未回收前,往往是排入地沟,造成大量软化水的浪费,即使是开放式回收,也有大量蒸汽泄漏,设备房间内常常雾气腾腾,这不仅浪费了大量的水和能源,还影响其他设备的使用寿命,而且回收水的水质也易受到污染,如果采取措施将高温蒸汽冷凝水加以密闭回收,将大量节约软化水,节省煤、电等能源。因此技术改造中都采用密闭式冷凝水回收系统,工艺路线设计较合理,应用技术比较先进,回收水量和回收水温符合设计要求,实现了高效、高温、密闭回收蒸汽冷凝水的目的。由于回收冷凝水其经济价值较高,所以在一次性投资这类工程之后,一般在近期内就可回收全部投资,有着明显的经济效益和社会效益。

1.1 北京市木材厂蒸汽冷凝水回用工程

1. 技改前状况

北京市木材厂为大型国有老企业,建厂近50年,产品多样,生产过程中需大量蒸汽加热,主要用汽设备为胶合板车间的热压机、装饰板车间的浸渍机及制材车间的干燥窑等。这些用汽设备,供汽压力分别为6kg、6kg、4kg、1kg、6.5kg、4kg。原有2台20t/h和25t/h的燃煤锅炉,正在建设的一台35t/h锅炉、2台除氧器(20t/h、40t/h)。各用汽单位回水管至开式水箱回收采用地下埋设管网。总凝结水干管网为架空管,锅炉房在北厂,用汽设备在南厂,距离远。

2. 原系统存在问题

(1) 除氧器为喷雾式除氧器,因使用年限长,设备老化,除氧效果极差,严重超标(1999 年 9 月份 9 号锅炉因氧化腐蚀被迫进行局部抢修,花费 30 余万元)。

(2) 地下管路腐蚀严重,到处跑冒滴漏,理论上高温凝结水的回水量在 50t/h 左右,而实际上只有 3t/h 左右,回收率低于 10%,且水质也被污染。

(3) 凝结水的回水温度应为 100℃ 的高温水,但却因无法直接回收而在池中滞留降温。

综上所述,热能源及水资源浪费严重,另由于除氧效果不佳,则缩短了用热设备及锅炉的使用寿命,增加管路及设备的维修费用,而这些无形中增加了产品的生产成本,削弱了产品的市场竞争力。

3. 技改方案

(1) 进行管路系统改造,将地下管网全部更新为地上管网,杜绝跑冒滴漏,节能节水。

(2) 采用 2 台高温凝结水回收器,处理能力总计为 30t/h,该设备特点是能够 100% 的闭式回收高温凝结水和二次汽,整个管路为闭式系统,消除氧腐蚀。

(3) 系统配套更新 2 台除氧器,能够完全接受来自高温凝结水回收器的高温凝结水,减少除氧器自耗蒸汽量,增大锅炉出力,节省软化水处理费,减少污染物排放。

(4) 将中密度生产线回水直接导入除氧器,利用其高温能量达到节能目的。

4. 密闭式回收蒸汽冷凝水系统的原理及系统图

蒸汽冷凝水的回收分为开式回收系统和闭式回收系统。开式回收系统的回收管路一端是向大气敞开的,使高温凝结水散去大部分热量和闪蒸汽外逸,以及造成凝结水污染。而闭式回收系统是密闭的,完全克服了开式回收系统的弊病,从蒸汽疏水阀排出的高温凝结水所拥有的热量绝大部分都直接回收到锅炉里,因此经济效益最佳,是理想的回收方式。

密闭式回收系统的关键设备是凝结水回收器。而凝结水回收器里的核心技术就是消除了泵的汽蚀问题,使输送高温凝结水成为可能。同时为了保证系统能正常可靠地运行,回收器里装有:蓄水箱、除污器、自动调压装置、引射器、给水泵、液位控制器、报警器及自动控制柜等。可实现无人值守,自动运行(只需巡视)。

由于用户的实际工况不一,无论管网中用汽设备凝结水回水的背压是否相同,回水量大小是否一致,以及输送距离的远近是否一致等,都能根据用户的管网情况,采用多种技术,对凝结水的回收系统进行优化设计,使整个系统达到安全、可靠地运行。同时还可根据用户的需要,配备相应的计量系统和凝结水水质的检测系统,满足各种用户的需求。

密闭式高温凝结水回收系统如图 2-1-1 所示。闪蒸汽的利用和密闭式高温凝结水回收系统如图 2-1-2 所示。

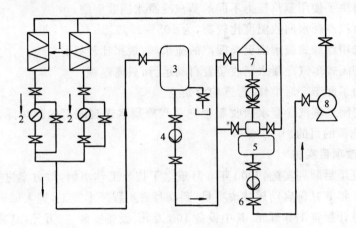

图 2-1-1　密闭式高温凝结水回收利用系统图
1—用蒸汽的设备；2—疏水阀；3—凝结水回收器；4—凝结水输送泵；
5—除氧器；6—除氧器水泵；7—软化水箱；8—锅炉

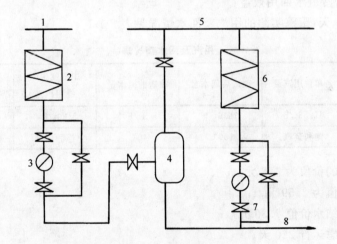

图 2-1-2　闪蒸汽的利用和密闭式高温凝结水回收系统
1—高压蒸汽管道；2—使用高压蒸汽的设备；3—疏水阀；4—闪蒸罐；
5—低压蒸汽管道；6—使用低压蒸汽的设备；
7—疏水阀；8—通往凝结水回收器

5. 北京木材厂蒸汽冷凝水回收系统的技术特点

(1) 采用密闭式蒸汽冷凝水回收装置，并实现了远距离输送蒸汽冷凝水。
(2) 解决了蒸汽冷凝水回收点比较分散的问题，为了便于回收，在南厂设东、西各一台密闭式蒸汽冷凝水回收装置。东密闭式蒸汽冷凝水回收装置的回收能力为20t/h；西密闭式蒸汽冷凝水回收装置的回收能力为10t/h。

(3) 解决了使用蒸汽压力不同的蒸汽冷凝水回收问题。

(4) 蒸汽冷凝水回收温度比较高,为105～110℃。

(5) 选用浮球式疏水阀更换漏汽的疏水阀,效果比较好。

(6) 密闭式蒸汽冷凝水回收装置自动运行,只需巡视。

(7) 为了便于今后维修,管道均为架空。

(8) 密闭式蒸汽冷凝水回收装置把蒸汽冷凝水送到北厂的锅炉除氧器里,以达到节约能源的目的。

6. 技改项目实施

为保证项目顺利实施,2000年3月成立了技改工作小组,对方案进行调研、论证,于2000年5月份启动该技改项目,到9月底工程基本完工,进入试运行调整阶段。项目总计投资180万元,其中设备108万元,设备安装34万元,基建等其他费用38万元。

7. 效益分析

(1) 经济效益：

1) 新增冷凝水回用效益：

运行40天,跟踪实测的用汽及回水情况见表2-1-1。

用汽及回水情况表　　　　　　　　　　表2-1-1

	各单位用汽量	改造后回水量	改造前回水量	中密度生产线用汽量	中密度生产线回水量
数量	19.53t/h	16.6t/h	3t/h	20t/h	17t/h
温度	饱和蒸汽	100℃	40℃	饱和蒸汽	100℃

软化水的价值为4.8元/t；

热水价值为2.59元/t；

回收凝结水价值7.39元/t；

全年考虑运行220天。

新增回收凝结水价值：

$$16.6t/h \times 7.39元/t \times 24h/d \times 220d = 64.77万元$$

原有系统回收凝结水价值：

$$1.95t/h \times 10\% \times 4.8元/h \times 24h/d \times 220d = 4.94万元$$

新系统回收凝结水增加的电耗：

$$(16.6t - 1.95t) \times 0.65度/t \times 24h/d \times 220d \times 0.5元/度 = 2.51万元$$

则凝结水回用的效益：64.77万元 − 4.94万元 − 2.51万元 = 57.32万元

2) 把中密度车间回收凝结水直接引入除氧器内充分利用其热量：
$$17t/h \times 2.59 元/t \times 24h/d \times 220d = 23.24 万元$$

3) 年总效益：
$$1) + 2) = 57.32 万元 + 23.24 万元 = 80.56 万元$$

4) 投资回收期：$180 \div 80.56 = 2.30(a)$

(2) 社会效益

该项目不仅经济效益良好，而且有很好的社会效益，年节约用水量达：
$$(16.6t/h - 3t/h) \times 24h/d \times 220d = 7 万 t$$

为节约水资源做出贡献。由于采用封闭式的回收凝结水克服了原开式回收部分凝结水的水污染问题以及避免了闪蒸汽逸出的热污染，保护了环境。项目投入使用，使北京市木材厂的用水量明显下降，节约了水资源，同时节约了热能，减少了电、煤的消耗，取得了良好的经济效益。

北京市木材厂

1.2 北京西三旗热力厂高温蒸汽冷凝水回收改造工程

北京西三旗热力厂，地处海淀区与昌平区交界，隶属北京金隅集团高新建材城经营开发公司，全体职工47人，现有两台35t/h燃煤锅炉，一台10t/h燃气锅炉，主要产品为饱和蒸汽，供应小区居民住宅采暖和工业用汽，冬季供暖面积约60万m^2，常年生产用汽每小时5t，该厂采用自备井供水方式，近5年计划用水量为1214600t左右，实际用水量为1004643t左右。2002年全面完成了本厂冷凝水回收改造工程。

1. 改造原因

从1996年到2001年11月前，蒸汽冷凝水全部直接排放，不能回收利用的主要原因是水的强度高并含以下杂质：铁离子、悬浮物、泥等。

(1) 出现钙镁硬度的原因主要有：1) 新建项目中回水管道打压时剩余的自来水和污物；2) 热交换设备有渗漏现象，渗进了二次水造成回水硬度高达0.1mmol/L（软水硬度应为0.03mmol/L）。

(2) 铁、铜离子及悬浮物存在原因有：1) 软水中碳酸盐在锅炉内热分解生成二氧化碳；2) 各交换站采用开式回水箱和泵将回水打回热力厂造成氧气进入回水中，产生氧腐蚀，使回水变红水，日久天长在管道中结垢，脱落后变成悬浮物。

(3) 由于各交换站多采用开式水箱，回水温度偏高时，二次蒸汽从排气孔大量排出造成损失，既浪费能源又污染环境。

2. 改造工程

根据以上三个问题,2001年开始实施冷凝水回收利用改造工程。工程分四步进行:第一步,东西区两个交换站开式水箱更换为闭式冷凝水回收器,减少热损失,提高回水温度,回水温度高时可达70℃,低时可达55℃,平均温度可达63℃。第二步,蒸汽中加入中和氨,使回水pH值升高,抑制钢材和铜材的腐蚀,使回水不再发红。第三步,爆气除铁和机械过滤器,除去铁铜硬度,防止树脂铁中毒。第四步,采用耐高温树脂及离子交换器除去钙镁硬度,使水硬度保持在0.03mmol/L以下。从2001年11月26日正式投入使用至12月20日运行一切正常,没有进行一次还原再生,也就是说第一次还原再生后一直没有用过一次再生盐液,每天(24h)回收水量在830t天左右,占全天用水量的80%以上,每月回收水量24900t。

3. 经济效益分析

以2001年1月份的数据,蒸汽流量为29760t/月,锅炉给水量为31248t/月,总生产用水量为35933t/月。

每吨软水价值:

再生耗水量4685t/月,(按水费0.8元,排污费0.8元,共计1.6元)再生耗水费用7496元。

盐费用:月用盐8.4t/月,价格320元/t,费用2688元。

酸费用:月用酸17.78t/月,价格700元/t,费用12446元。

炉给水本身水费:49996.8元(按1.6元/t)。

用电费用(清水泵、盐泵、卸酸泵):

总用电量6460度,按0.55元/度,用电费3553元。

软化水单价,将以上5项费用相加为76180元。制取每吨软水价格76180/(35933-4685)=2.438元/t

每吨冷凝水包含热价值,其计算如下:

$$W=[D\times(t_1-t_2)C/(N\times Q)]\times a$$

式中,D 为回水量;N 为锅炉效率;Q 为煤的发热量;t_1 为回水温度;t_2 为给水温度;a 为燃料价格。

将具体数值代入公式:

则:$Q=[1000\times(63-13.6)\times 1/(80/100\times 5500)]\times 0.21=2.3$ 元

每吨冷凝水价格 $Q=2.438+2.3=4.74$ 元/t

以上参数以2001年1月全月统计报表数为依据进行核算。

通过11月26日至12月20日的回收水流量计算,每小时平均回收水量37t。

全年冬季供暖期(11月7日～次年3月20日)约130天,可节省资金37t/h×4.74元/t=175.4元,175.4元×24×130天=547186元。冬季节水37t×24×130天=115440t。

经测算每用一吨冷凝水可节煤 11.2kg,一个供暖期可利用回水 115440t,节煤约 1293t。

由于利用了回水,除氧加热器阀门开到原来的 1/4,减少了锅炉的自用汽量。由于使用回水,排污量也大大减少。

整个回水改造工程投资约 150 万元,做到当年投资,当年见效益。

通过冷凝水回收利用改造工程,不但得到了经济效益,同时还取得了环保效益和社会效益。在东、西两个交换站再也看不到二次蒸汽的排放,从而消除了二次排放时的噪声,同时减少了再生用的盐液和酸液的排放量,为周边的环境保护做出了贡献。

北京西三旗热力厂

1.3 中国航天科技集团第一研究院蒸汽冷凝水回收改造工程

航天科技集团第一研究院是集团公司所属的运载火箭技术研究院,员工人数多,用汽生产单位多,设备、管道陈旧,急需进行改造。该项蒸汽冷凝水回收改造工程投资 93.5 万元,改造后的综合节约费用 50 万元,不到两年即可回收工程投资,有着明显的经济效益和社会效益。

1. 概述

蒸汽、凝结水管网承担着一院科研生产区 20 多个生产单位的蒸汽输送和凝结水回收任务,管网遍及整个科研生产区。随着一院科研生产规模的不断扩大,热力管网系统不断扩展,主管网于 20 世纪 70 年代安装,其间未系统地进行过更新改造,管网现已到更新年限。经过 40 多年运行,大部分设备、管网已经严重老化,导致能耗增高,运行能力逐年降低。同时,非连续供应的运行方式,也大大降低了管道的寿命周期。目前,蒸汽、凝结水管网的"跑、冒、滴、漏"现象严重,不但造成能源的极大浪费,而且已威胁到科研生产的正常进行。面对目前科研扩大,产品型号的要求不断提高,使得动力系统的不断更新成为必然。

2. 改造情况

据统计,蒸汽管道、凝结水管道约有上万米,凝结水管道需要更新的约有 3000 余 m,按照生产的需要和更新的轻重缓急程度,这次更新凝结水管道约 855m,更新疏水阀 30 余个。具体更换情况如下:

(1) 更新凝结水回收管道 $DN80$ 管道 250m,重点回收 4 号厂房南侧的凝结水。4 号厂房为院的主要军品生产单位,年用汽量较大。改造后,每年可回收凝结水 1000t。

(2) 更新凝结水管道 $DN150$ 管道 230m,主要用于 11 车间用汽部位。11 车间是表面处理车间,为主要工艺用汽单位,年用汽量 6 万 t。121 号厂房的专用蒸汽及凝结水管道的地下隧道部分管线腐蚀严重。这次更新管道后,解决了 121 号凝结水回收问题,如检测凝结水未被污染,年可回收凝结水 2 万 t。

(3) 更换疏水阀,确保疏水阀阻汽排水,避免因疏水阀不正常工作造成的凝结水排放损失,年可回收凝结水 3000t。

(4) 更换从换热站至汽水分配间的凝结水回收管道,因原管道管径较小,不能满足回收要求,更新为 DN200 管 375m,可多回收凝结水 2.88 万 t。

上述各项改造完成后,每年可多回收凝结水 3.3～5.3 万 t。

3. 效益分析

凝结水系统的更新改造,不仅是确保动力系统经济运行的需要,也是节水工作的需要。在 1999 年创建节水型企业的工作中,经测试,凝结水回收率只有 40% 左右。这次改造,更新了部分急需更新的管道和疏水阀,解决了凝结水管道存在的问题,显现出了节水效果,为动力系统的经济运行做了基础工作。

按现有的动力运行模式,每年多回收凝结水 3 万 t,节约价值约 30 余万元。综合考虑锅炉水处理系统因此项改造的节水价值,凝结水回收改造综合节约费用约 50 万元。

中国航天科技集团第一研究院

1.4　北京饭店封闭式凝结水回收技术改造工程

北京饭店的封闭式凝结水回收系统于 2000 年 12 月 18 日完成并投入使用,效果十分显著。与上年相比,每年节省 132 万 m^3 的天然气,节省 1.66 万 t 自来水,降低 400 万人民币的运营成本,能源利用率提高 71%,取得了节水、节能、环保、降低运营成本的良好效果。

该封闭式凝结水回收器的成功在于它巧妙的利用了系统的背压,将由于采用开式回收而断开的锅炉蒸汽热网的一环接上,变汽水两相同流为凝结水的单相流,剔除了汽蚀产生的条件,将回收入蓄水器中的凝结水送走,从而使蒸汽热网形成一闭路循环系统,让凝结水在这闭路循环系统中循环使用。凝结水回收器是锅炉蒸汽热网实现封闭式运行的核心设备,使凝结水在这封闭式运行的闭路循环系统中成千上万次的循环使用(每年至少重复使用 365 次),从而使锅炉蒸汽热网就像电冰箱一样不用经常补充工质就可以日夜不停的运行。

该封闭式凝结水回收器的另一个特点是机电一体化,将计算机网络技术移植到锅炉蒸汽热网中,实现了能量的自动化计量和监控。使运营管理部门、最高决策层可随时随地掌握系统能源利用率、运营的能量成本、经济效益等基本状况。消除了蒸汽热网运营管理的盲目性和模糊性,真正地实现了锅炉蒸汽热网的信息化科学管理。

1. 封闭式运行的技改效果

(1) 技术与环保效果：

1) 闭式运行系统形成后,立刻消灭了因蒸汽泄漏造成的弥天大雾,杜绝了热污染,收到了立竿见影的效果。

2) 洗衣房大烫平机的疏水阀的排水口压力由原来的 0.5MPa 降到了 0.05MPa,工作温度提高 5℃,运行稳定,提高了效率。

3) 将计算机网络技术移植到蒸汽热网中,实现了信息化管理,将复杂枯燥的劳动趣味化、信息化,方便了生产,提高了劳动效率。

4) 实现了能量自动化计量,从而将劳动量化、数学化、网络化。

(2) 经济效益：

1) 年节省自来水 1.66 万 t。

2) 年节省天然气 132.5 万 m^3。

3) 降低运营成本 414.7 万元。

4) 能源利用率提高 71%。

2. 技改效果的技术经济分析

(1) 洗衣房封闭式运行的闭路循环系统形成后,使整个蒸汽热网的能源利用率提高 28.8%。

2000 年 12 月 17 日午夜 12 点洗衣房的闭路循环系统建成。12 月 18 日开始,缭绕在洗衣房南窗下的大雾不见了。站在机修房内,可以清楚地看见饭店的东西大楼,这是几十年来从来没见过的光明。为了验证技改效果,以 12 月 17 日为分界点,前后各取 7 天的天然气消耗量作比较,结果令人惊讶,发现洗衣房的闭路循环系统形成后,锅炉平均每天耗用天然气量比以前减少 440m^3,蒸汽热网的能源利用率提高 28.8%。(洗衣房封闭式运行的闭路循环系统形成前后 7 天的能耗对比请见表 2-1-2)。

能 耗 对 比 表　　　　　　表 2-1-2

改 造 前			改 造 后		
10/12	1416	m^3	18/12	1012	m^3
11/12	1537	m^3	19/12	1233	m^3
2/12	1644	m^3	20/12	1016	m^3
13/12	1614	m^3	21/12	1153	m^3
14/12	1511	m^3	22/12	1148	m^3
15/12	1636	m^3	23/12	1143	m^3
16/12	1343	m^3	24/12	917	m^3
平均:1529m^3			平均:1089m^3		

(2) 不可比条件下的比较。

1) 2000年东大楼在技术改造中,楼内所有的用汽设备全都处于停运状态,全年用汽量为零,2000年12月投入使用。2000年的锅炉蒸汽热网11个月锅炉耗用天然气为667272m³,而2001年11个月耗用天然气466823m³,则2001年比2000年:

(A) 少耗用天然气200449m³。

(B) 少耗用2500t自来水。

(C) 降低运营成本63万元。

(D) 能源利用率提高30%(详见表2-1-3)。

2000年、2001年耗用天然气对比表(m³/月) 表2-1-3

时间	2000年	2001年	时间	2000年	2001年
1月	67139	37729	7月	115567	46019
2月	56320	39206	8月	29521	58625
3月	72145	37404	9月	37485	31537
4月	66874	27200	10月	41163	62271
5月	77710	41514	11月	43876	67918
6月	59472	17400	合计(m³/a)	667272	466823

2) 扣除贵宾楼的开式运行的影响。

从能耗日报表可断定,贵宾楼用汽量占锅炉产汽总量的26%左右,那么贵宾楼11个月的耗用天然气为121374m³,扣除贵宾楼的天然气耗用量,即为北京饭店自己的耗汽量,即:

2000年为: 667272−121374=545898 m³

2001年为: 466823−121374=345449 m³

则能源利用率提高:

$$(545898-345449)\div 545898=36.7\%$$

按常理东大楼投入使用后,蒸汽消耗量肯定增加了,天然气的耗用量自然会增加。可是相反,热能的耗用量增加了,天然气的耗用量反倒减少了。这说明:

第一开式运行的浪费是巨大的,造成的损失是明显的,必须淘汰。

第二封闭式运行的技术改造是成功的,方法可行、效果显著。

无论在可比的条件下相比较,还是在不可比的条件下比较,能源利用率都是提高的,这说明封闭式运行的技术改造确实是卓有成效的。开式运行、凝结水零回收,确实给北京饭店造成重大的经济损失,这就是北京饭店为什么会取得如此惊人的技改效果的主要原因。

(3) 经济分析:

1) 2001年能源总耗:

(A) 天然气耗用总量 536229 m³/a。

(B) 年产蒸汽总量 5645t。

(C) 年耗自来水总量 6773t。

(D) 能源总耗 169.1 万元。

2) 参比年能源总耗：

考虑到北京饭店连年作技术改造，一直没有投入正常运行，为了准确评估北京饭店封闭运行的技改效果，1994 年、1995 年、1996 年、1997 年等四年的能耗平均值作为参比年的年比对能耗：

(A) 年耗天然气总量 1851231 m³。

(B) 年产蒸汽总量 19486t。

(C) 年耗自来水总量 23383t。

(D) 年能源总耗 583.8 万元。

3) 与参比年相比：

(A) 节省天然气 131.5 万 t/a。

(B) 节省自来水 1.66 万 t/a。

(C) 降低运营成本 414.7 万元。

(D) 能源利用率提高 71%。

3. 锅炉蒸汽热网智能化监控系统

锅炉蒸汽热网智能化监控系统是集锅炉蒸汽热网的运营状态的监理、控制于一身的计算机管理系统。既分散监控、又集中管理。它是以计算机与网络技术为

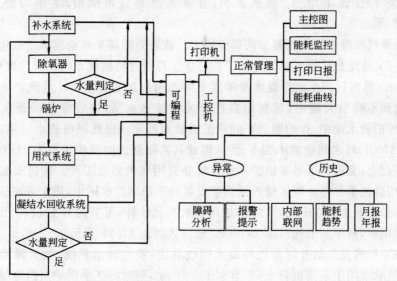

图 2-1-3　锅炉蒸汽热网智能化监控系统示意图

核心,将数据通讯、状态显示、人机对话、自动诊断系统、输入/输出接口技术结合在一起的运行管理、过程控制的智能化管理系统,使系统运行"傻瓜"化,达到了现场设备无人值守的水平。大大地减轻了现场工作人员的劳动,更重要的是提高了系统运营的可靠性、稳定性、安全性和准确性,为企业内部的网络化、信息化、数字化的科学管理,创造了最基本的条件。图 2-1-3 所示为锅炉蒸汽热网智能化监控系统示意图。

北京饭店的封闭式凝结水回收系统已成为蒸汽冷凝水回收技术改造的示范工程,也是中小型锅炉蒸汽热网技术进步的方向。

北京饭店

1.5 北京啤酒朝日有限公司蒸汽冷凝水回收工程

北京啤酒朝日有限公司是年生产能力为 12 万 t 啤酒的合资企业,为北京市用水大户。水源为 6 口自备井和两路自来水。目前公司用水指标为 155.85 万 m^3/a,其中自来水 107.97 万 m^3/a,井水 47.88 万 m^3/a。自来水主要用于啤酒酿造,井水用于冲洗卫生及辅助生产。

原糖化车间生产用蒸汽(两个糖化锅,两个煮沸锅)和啤酒车间杀菌机循环水箱系统,所用蒸汽无回收系统,造成冷凝水直排地沟,浪费严重。其用汽量为:每日糖化 5 次,每次糖化用蒸汽 20 余 t,日用量为 100t,啤酒车间的杀菌机加温日用蒸汽 40 余 t,合计 140t/d。蒸汽来源,夏季是热力公司供给,冬季为公司锅炉自产。

该蒸汽冷凝水回收工程分两部分施工。首先为罐装车间杀菌机用软化水补充回收工程,也是最体现经济效益的工程。该工程通过将糖化车间每天 5 次糖化,即日用 100t 蒸汽后产生的冷凝水及啤酒车间杀菌机加温日用 40t 蒸汽产生冷凝水都回收到不锈钢大罐中,再利用自控开关连接热水泵,将收集的冷凝水输送到 400m 外的软水池中,作为啤酒车间杀菌机软水补充。仅此回收软水一项,夏季能达到 14700t,软水制造成本为 8 元/t,因此其直接创造的经济效益为 11.76 万元。在此基础上,又进行了冬季锅炉采暖系统补充用水的回收工程。通过安装输水管路,利用自控系统将冷凝水输送到锅炉安装的不锈钢贮水罐中,用于采暖软水的补充。冬季可节水 8400t。按每吨锅炉用软水 7 元计算,可节约开支 5.88 万元。两期工程结束,两年共节约软水 23100t。经济效益达 17.64 万元。

该工程将夏季的外网蒸汽冷凝水回收利用,新建疏水系统、贮水罐和管道系统,回收软水用于杀菌机补水,年节水 1.5 万 m^3,同时将冬季锅炉蒸汽冷凝水回用于锅炉补水,年节水量 0.9 万 m^3,两项合计节水量 2.4 万 m^3。该工程设计较为合理,实际运转良好,节水效果明显,每吨啤酒的单耗有明显下降,也为企业创造了较好的经济效益。

图 2-1-4 为北啤冷凝水回收夏季利用系统图。图 2-1-5 为北啤冷凝水回收冬季利用系统图。

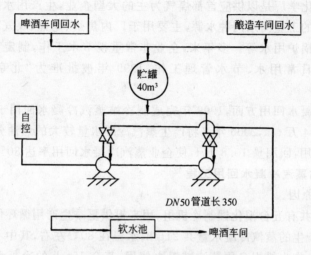

图 2-1-4 北啤冷凝水回收夏季利用系统图

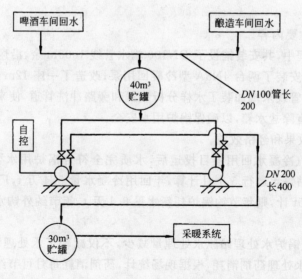

图 2-1-5 北啤冷凝水回收冬季利用系统图

北京啤酒朝日有限公司

1.6 北京炼焦化学厂
蒸汽冷凝水回用工程

北京炼焦化学厂是以供应首都煤气为主的大型企业,生产用水有自备井水和水源六厂提供的工业河水两种水源,主要用于厂内焦炉、熄焦、煤气净化回收系统设备冷却以及锅炉用水等。多年来,企业非常重视节水工作,制定有多项节水制度,加强企业日常用水、节水管理工作,1999年被批准为"北京市节水型企业"。

在蒸汽冷凝水回用方面,1999年完成制冷站蒸汽冷凝水回用于锅炉工程,冷凝水回用量5.4万t/a,2000年又将产生蒸汽冷凝水量较大的焦油分厂、精苯分厂冷凝水收集回用,回用量10.8万t,使企业蒸汽冷凝水回用率达80%。

1. 制冷站蒸汽冷凝水回用工程

(1) 改造原因。

厂制冷站共有五台溴化锂制冷机组,用来提供夏季生产用循环低温冷水,机组正常运行时,产生的蒸汽冷凝水量共21t/h,水温在80℃左右,其中6t/h的冷凝水已回用于机组,作为机组自用蒸汽减温水使用,其余15t/h的冷凝水量,经过充分调研和方案比较,决定送往本厂热电分厂锅炉水处理站,直接作为锅炉补充水。

(2) 项目主要内容。

在改造过程中,共安装铺设了DN100输水管线1000m余,沿途安装了管道泄水等附属装置;安装了两台4N6A型冷凝回用泵;改造了一座$12m^3$的冷凝水收集水箱,并在输水管线末端加装了水样分析装置和旁路冲洗管道,使来水在确保水质合格后进入原有除盐水箱,以确保锅炉用水安全。

(3) 节水效果和经济效益。

制冷站蒸汽冷凝水回用项目投运后,水质完全符合锅炉用水要求,回用水量15t/h,按制冷站每年运行5个月计算,年回用冷凝水量5.4万t,厂制取一吨除盐水耗新水量1.5t计,则年节约锅炉耗新水量8.1万t,年节约外购水费8.1×1.30=10.5万元。

同时,由于锅炉水处理站原水处理量减少,不仅减轻了水处理装置运行负荷,同时也节约了水处理药剂消耗,根据现场统计,药剂消耗每月可节约3.38万元,年(按5个月计)节约16.9万元,锅炉新水耗量与产汽量之比,由原来的1.8降至1.45,产生了明显的节水效果和经济效益。

(4) 主要材料设备及投资使用情况。

冷凝水回用主要材料见表2-1-4。

冷凝水回用主要材料一览表　　　　　　表 2-1-4

序　号	名　称	规　格	单　位	数　量	备　注
1	无缝钢管	DN100	m	1150	
2	冷凝水泵	4N6A 型	台	2	
3	冷凝水箱	$V=12m^3$	座	1	

2. 焦油分厂、精苯分厂蒸汽冷凝水回用工程

（1）改造原因。

为进一步响应市政府节水号召，巩固本厂"节水型企业"成果，进一步加大了蒸汽冷凝水回用工作力度。目前，全厂间接加热用蒸汽相对集中在焦油分厂、精苯分厂和煤气精制分厂。其中煤气精制分厂的制冷站冷凝水已回用，并且产生了十分明显的效益。因此，本次将焦油分厂、精苯分厂的冷凝水进行回收利用。

（2）项目主要内容。

采用开式回收系统，在用蒸汽量相对集中的焦油分厂的油库、洗涤、精蒽、精酚工段分别收集冷凝水后，用热水泵送至精苯分厂，在精苯分厂连同该区域的冷凝水一起集中，再用泵送到热电分厂用于锅炉给水。目前虽然开式冷凝水回收系统已基本上被淘汰，但由于该厂设备陈旧，在实际运行中有可能发生泄漏而使冷凝水带油，进而影响锅炉给水水质，对锅炉运行十分不利；若采用闭式回收系统，在资金紧张的情况下，无法解决以上问题。开式回收系统即将各区域的收水集中至精苯分厂内的总贮水槽（罐），选择新凝结水泵，将冷凝水送至热电分厂纯水站作为锅炉补充水。

基本方案如下：

1）将油库贮槽、洗涤工段贮槽的安装疏水器后分别并接在各自的疏水管道上，自流至焦油油库区域的贮水槽 A 内；

2）精蒽收水罐的冷凝水加泵架空送至总贮水槽（罐）B；

3）从贮水罐 A 出口接泵，管道架空至精苯区域总贮水槽（罐）；

4）精酚冷凝水加装疏水器后自流至精苯区域的总贮水槽（罐）；

5）精苯区域内的冷凝水因为是压力凝水，可直接进现贮水罐，再流至总贮水槽（罐）；

6）总贮水槽（罐）的出水选择适宜的凝结水泵，并利用部分原管道，在适宜位置与现凝水管道碰头，最后送至热电分厂纯水站除盐水箱。

（3）节水效果和经济效益。

项目实施后，每小时可回收 10～20t 冷凝水，按 300d/a 计算，可回收冷凝水 10.8 万 t，折合节约地表水约 20 万 t。

（4）主要材料设备及资金使用情况（见表 2-1-5）。

冷凝水回用项目主要材料设备一览表　　　　表 2-1-5

序号	名　称	规　格	单位	数量	备　注
1	贮水罐	$\mathcal{C}3200\times12$　$L=12m$　$V=90m^3$	个	2	加工、地面安装、做基础、内防腐
2	贮水罐	$V=30m^3$	个	2	新做、地面或半地下安装
3	凝结水泵	4N6A	台	2	地下安装
4	热水泵	IR100-65-250J	台	2	一台地下安装
5	无缝钢管	DN150	m	470	架空安装、做保温
6	无缝钢管	DN100	m	150	需保温
7	无缝钢管	DN80	m	975	
8	无缝钢管	DN50	m	480	
9	无缝钢管	DN25	m	140	
10	无缝钢管	DN20	m	760	
11	阀门	$Pg25$　$Dg100$	个	16	
12	阀门	$Pg25$　$Dg80$	个	26	
13	阀门	$Pg16$　$Dg50$	个	34	
14	阀门	$Pg16$　$Dg25$	个	36	
15	法兰	DN100、DN80、DN50	对	256	
16	疏水器	自由浮球式		4	
17	疏水器	热动力式		36	
18	油测定仪	紫外分光光度计	台	1	
19	电导率仪		台	2	
20	其他				

该项目预算资金 94.8 万元。改造后，每年可产生 80 多万元的经济效益，运行一年多就可收回投资。

北京炼焦化学厂

1.7　中国中医研究院蒸汽冷凝水回收利用工程

1. 工程介绍

中国中医研究院共有职工 1800 人，建筑面积 95000m²。共有蒸汽锅炉 3 台，型号为 DZL4-13-A，额定压力为 1.3MPa，额定蒸发量 4t/h。其锅炉分汽缸接有 7

个主要出(用)汽管(图2-1-6),即食堂、开水间、浴室、宾馆、供暖、骨科研究所和制药厂,其中制药厂总管上又分出药品提取、蒸馏烘干和空调3个支管。7个主要出(用)汽管中浴室、供暖、骨研所和制药厂(药品提取、蒸馏烘干和空调)是主要的间接用汽部位,也是可能回收冷凝水的主要地点。冷凝水回用系统分两部分:供暖和浴室的冷凝水通过封闭的管路系统直接回到锅炉软化水箱;其他用汽部分(主要为制药厂、骨研所和宾馆)所产生的冷凝水通过专门的回收管路汇集后,经计量流入专用的冷凝水池(开式系统)。池内的水温度一般可达80~90℃(冬季如此),回水经水质化验符合锅炉用软水标准后再用泵打入锅炉软水箱循环使用。如图2-1-7所示。

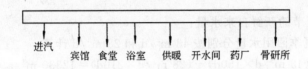

图2-1-6 用汽系统示意图

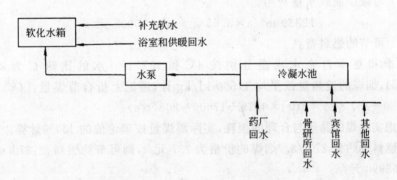

图2-1-7 冷凝水回收系统示意图

2. 工程内容

(1) 管路系统改造:更新回水和蒸汽管路共计1500m左右(管径范围DN63~DN108)。

(2) 建造回水池(容积6m³)。

(3) 购置高温抽水泵一台,自动浮位驱动抽水装置。

(4) 用汽设备增加疏水器37个。

(5) 安装耐高温气流表6块,回水表1块。

3. 节水及经济效益分析

根据蒸汽表计量,在从11月5日到12月26日的近50d内作了实地测量,每日平均总供汽量约55214kg,根据锅炉出汽压力(1.3MPa)和该压力下的饱和蒸汽温度(191.6℃),可算出对应平均产气量所需的软水量约为63~64m³/d。由实测数据,锅炉实际每天的软水补充量约18~22m³,经冷凝水箱回流的软水量约28~32m³/d,则直接回流入软水箱的水量为11 m³左右。由此可计算出在数据监测的近50d内,经蒸汽冷凝水回收系统再利用的软化水量平均为每天43 m³,约占锅炉总用水量的68%左右。则由于该部分水回用每年可节约的新鲜自来水量和相应的软化水制水费用及加热自来水所耗燃料(煤)的费用总量可大致估算如下:

该院以城市管网的自来水为水源,自来水水价为0.992元/t(含80%的排污费)以1997年水价计;软化水制水成本为3.65元/t(包括药剂费、电费、水费等);锅炉所用燃料烟煤的价格为237元/t(1997年煤价);回收的冷凝水的水温按平均80℃计;则:

(1) 每年可节约新鲜自来水量:

若冬季和夏季回用水量分别按43 m³/d和28 m³/d计算:

$$(43 \text{ m}^3/\text{d} \times 150\text{d}) + (28 \text{ m}^3/\text{d} \times 210\text{d}) = 12330 \text{ m}^3/\text{a}$$

约占全院年总用水量的3.6%左右。

(2) 可减少制软水量费用:

$$12330 \text{ m}^3/\text{a} \times 3.65 \text{元}/\text{m}^3 = 45005 \text{元}/\text{a}$$

(3) 可节约燃料费:

冬季和夏季自来水水温分别按4℃和15℃计。水的比热C为4.19kJ/(kg·℃),烟煤的发热量按平均17600 kJ/kg计,理论上折合节煤量:[(80-4)×150+(80-15)×28×210]×4.19÷17600=208(t/a)

考虑实际煤的品质与合理的损耗,实际需煤量按理论值的130%计算。则实际可节约燃料量约为270t/a。烟煤的价格为237元/t,则可节约燃料费:270t/a×237元/t=63990元/a。

(4) 上述所节约费用总和为:

$$45005 + 63990 = 108995 \text{元}/\text{a}$$

中医研究院此次蒸汽冷凝水改造工程共计耗资约60万元左右。

按每年回收冷凝水可节约11万元计,则60万元包括80%的管道费用的工程建设投资经5.5年左右即可收回。假定回收系统的折旧期为10年,则按静态分析每回收一吨冷凝水(水温约80℃)需4.87元,只相当于制一吨80℃的软水的成本的21.5%(根据中医研究院的经验,加热一吨自来水到80℃约需煤0.08t,则制一吨80℃的软水的成本为1×3.65+1×0.08×237=22.61元/t);而每投入一元钱可回收80℃冷凝水0.21t,即投入与产出比为1:7(上述计算中未考虑回收系统的日常运行费用)。

需要说明,由于该院所安装蒸汽计量仪表尚无法将全部所回收的冷凝水量所对应的间接用蒸汽量计量出来,所以只能得到闭路回收系统(供暖和浴室用汽)冷凝水的平均回用率和总回用量占总供汽量的百分比,分别为85%(供暖和浴室日用汽量为平均11397kg,折合水量约为13m³,回收冷凝水量为11 m³/d)和68%(以冬季计)。

4. 结论

从回收系统改造的投资情况来看,由于中医研究院的蒸汽用汽部位较多而分散,造成管线较长,所需管道附属设备数量如疏水器也相应增多,因此用于管道改造的投资很大(占总投资的80%左右),一定程度上造成整个回收系统的改造投资增加,因此对于不同单位冷凝水回收系统改造所需要的投资可能会有较大的差别,效益情况也会有所不同,但无论如何,回收冷凝水所产生的社会环境效益和企业经济效益,包括节水,节能,减少污染,节电,节化学药剂以及人力(计算中未考虑)等是显而易见的。因此此项工作是值得大力推广的。

中国中医研究院

1.8 北京医院蒸汽冷凝水回用系统改造工程

北京医院洗衣房是医院蒸汽用量较大的部门,由于疏水设备差,为了保证烫平机、烘干机的温度,一直采取将蒸汽冷凝水直接排入洗衣机作为热水使用方法,而没有将蒸汽凝水回收。另外,综合楼设备层的蒸汽管线由于工作条件差,腐蚀严重致使大量蒸汽冷凝水泄漏,也使热力站屋顶严重漏水,设备层内烟雾腾腾,各类管线腐蚀加剧。不仅浪费了水资源,而且浪费了大量的电力和煤气,还减少了其他设施使用寿命。为了解决上述问题,计划对洗衣房蒸汽系统及综合楼设备层蒸汽管线进行必要的技术改造。

1. 节水改造工程内容

(1) 改造洗衣房蒸汽减压站。根据蒸汽含水率太高的问题,减压站设计安装汽水分离器,增加了多台疏水器,合理选择蒸汽减压阀。为了获得最佳的效果,全部选择了进口节能产品。

(2) 对烫平机、烘干机合理安装高质量进口疏水器;加装凝水回水管线,使设备凝水能很好地送回锅炉房;保证了设备的高效率。

(3) 更换洗衣房和设备层蒸汽管线,合理加装热动力式疏水器,选用新型"管中管"材料更换蒸汽管线,其优良的保温性能使蒸汽输送效率提高。

(4) 合理利用凝水中二次蒸汽的热能加热生活热水,降低凝水回水温度,减少水箱中二次蒸汽的跑冒。选择一台不锈钢波节管换热器,同时安装一台进口蒸汽凝水回收泵,使全部凝水顺利计量回收,达到综合节能的目的。

2. 投资与经济效益分析

(1) 投资情况(见表2-1-6):

投 资 情 况 表　　　　　　　　表 2-1-6

序　号	项　目	数　量	费用(元)
1	进口设备	31 台	107374.38
2	国产设备	30 台	57213
3	"管中管"钢材	540m	122003.43
4	安装、土建及其他		114209.34
5	总　计		400800.15

(2) 经济效益分析：

1) 节约软水费用：

蒸汽冷凝水年回收量：

$$25\times365=9125(m^3/a)$$

节约软水资金：

$$9125\times3.50=31937(元/a)$$

2) 节约燃气费用：

每公斤冷态温度升至 90℃所需热量：

$$1\times75\times4.1868=314kJ$$

一年回收冷凝水所需的热量：

$$25000\times314\times365=2865341250kJ$$

燃气热量为 14644 kJ/m³，锅炉热效率为 80%，则一年所需燃气为：

$$2865341250/(14644\times0.8)=244583m^3$$

每立方米燃气为 0.7 元，则节约费用为：

$$244583\times0.7=171208.3\ 元$$

3) 二次利用热能节约费用：

每日加热生活热水约 150m³。

每立方米加热费为 1.5 元，则一年节约资金：

$$150\times365\times1.5=82125\ 元$$

冷凝水回收的总费用：

$$34937+171208.3+82125=285270.3\ 元$$

通过计算，本改造项目的投资在使用一年半后即可收回投资。

3. 本项目改造特点

(1) 采用了多项节能新技术产品，例如采用吊桶式疏水器，凝结水回收泵，波节管换热器，波纹管球芯阀等。

(2) 认真调研，考察比较，选用国内外高性能、高质量的设备和材料，确保改造工程质量。

(3) 综合利用节能,不但节水,还开发利用二次热源,节约了大量燃气费用,符合国际综合利用开发的趋势。

4. 结论

(1) 该院根据本单位情况,在洗衣房蒸汽减压站安装汽水分离器,在蒸汽管路上增加多台疏水器、减压阀,杜绝了长期大量蒸汽凝水直排。合理利用冷凝水中二次蒸汽,降低冷凝水温度,减少二次蒸汽的损失,年节约冷凝水 9125m³。

(2) 在系统中安装一台蒸汽冷凝水回收泵,使冷凝水的回收得到准确的计量,这是该项目的一个特点。

(3) 本项目采用了部分进口、技术先进的节能产品,如倒吊桶式疏水器、凝结水回收泵、波节管换热器等。保证了工程质量,延长了系统运转周期。在节水的同时,也节约了能源,取得年节约资金 28 万元的综合经济效益。

北京医院

1.9 北京市南苑植物油厂冷凝水回收利用工程

北京市南苑植物油厂是北京市油脂公司所属全民所有制的油脂油料加工、储存的大型企业,是华北地区最大的油脂油料加工厂。厂内分为浸出、炼油、动力、储运等几个主要车间科室。制油车间浸出器日处理量达 150t 预榨浸出,榨油机 6 台,日处理量 60t,炼油车间有日处理毛油达 200t 的碱炼设备和日处理量 50t 的三脱设备。

1. 改造原因

在油脂、料生产中无论是原料的加热还是油脂的浸出,或是处理毛油的碱炼设备,及精制油的三脱设备都需要大量的蒸汽。储运科有储存能力近亿公斤的储油罐区,到冬季要对油脂进行保温,用汽量也相当大。由于用汽量大,相应的乏汽、冷凝水量也很大。过去这些废汽及冷凝水除少量回收外,绝大部分废汽排放大气,冷凝水流入地沟。到冬季全厂处处冒白烟,有的地方像下毛毛雨似的,不但造成水资源的严重浪费,而且直接腐蚀损坏了管道和设备,严重影响了生产环境。

以蒸汽为载热介质的生产工艺过程所产生的高温冷凝水如能及时有效的回收并得以充分利用是节水、节能的主要途径。

2. 冷凝水回收装置及工艺流程

该厂冷凝水回收装置采用四川省梓潼节能成备生产的专利产品"废蒸汽及冷凝水回收压缩机"。该机采用了耐高温、耐磨损新材料,结构合理、密封可靠,运行平稳,操作方便,回收高温冷凝水效果良好。

根据冷凝水回收压缩机的特点,结合我厂生产实际,工艺流程采用闭路循环系统。示意图如图 2-1-8。

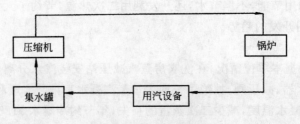

图 2-1-8 工艺流程图

3. 经济分析

蒸汽的潜热被利用后,冷凝水中的热量还是相当可观的,这种高温冷凝水可以用于其他工艺过程或作为锅炉补水,这既节约了水资源,又节约了能源。统计表明:锅炉补水水温每提高 6℃,可节约燃料 1%,如能把锅炉补水温度提高到 30~100℃,可节约燃料 10%以上。

自 1992 年底至 1994 年 2 月试运行期间,运行情况良好,节水、节能效果显著。具体经济效益测算见表 2-1-7。

经 济 效 益 测 算 表　　　　表 2-1-7

用汽单位	原用(m³/h)	现用(m³/h)	节约量(m³/h)
机 榨	5	1	4
浸 出	7	3	4
新炼油	4	1	3
老炼油	4.5	1.1	3.6
南罐区	4	1	3
北罐区	4	1	3
小 计		20.6	

(1) 生产车间全年可节约汽水量:

$$(4+4+3+3.6) \times 24 \times 360 = 126144 m^3$$

南北罐区冬季保温 4 个月可节汽水量:

$$(3+3) \times 24 \times 120 = 17280 m^3/a$$

则全年可节水量:

$$126144 + 17280 = 143424 m^3$$

(2) 回收的汽水温度可达 105℃左右,直接注入锅炉,省去了给水预热用煤量。

本项节水技术改造工程的完成,取得了节约用水、减少能耗、保护环境、降低成本的综合效益。

2 污水再生利用和中水利用工程

由于全球性水资源危机正威胁着人类的生存和发展,世界上的许多国家和地区已对城市污水的再生利用做出总体规划,把适当再处理的污水作为一种新水源。根据2010年发展规划,我国城市污水处理率将增至40%左右。工业废水处理率也将有较大幅度提高,如果将再生处理后的污水作为可用水资源,推行城市污水资源化,把处理后的污水作为第二水源加以利用,是合理利用水资源的重要途径,可以减少城市新鲜水的取用量,减轻城市供水不足的压力和负担,缓解水资源的供需矛盾。建筑中水处理技术是在城市污水处理技术的基础上发展起来的,它属于分散、小规模的污水回用工程,具有灵活、易于建设、无需长距离输水和运行管理方便等优点,也是一种较有前途的生活节水方式。

污水和中水处理利用,体现了水的优质优用的原则,事实上,并非所有用途的水都需要优质水,而只需满足一定的水质要求即可。以生活用水为例,其中用于烹饪、饮用的水约5%左右,而对占20%～30%不同人体直接接触的生活杂用水并无过高水质要求。因此可以采用较低水质的水源,这应是合理利用水资源的一条普遍原则,由此可以扩大可利用水资源的范围和水的有效利用程度。

2.1 北京市木材厂中密度生产线废水处理再利用工程

1. 处理前状况

北京市木材厂下属森华公司,拥有年产10万 m^3 中密度生产线一条,月用水量1.2万t左右,年用水量达15万t,是厂里第二用水大户。其主要用水部位是水洗工段,月用水量在9千t左右,这部分水如果直接排放,不但浪费大量水资源,而且污染严重,为此,组织有关技术人员针对这一问题进行了研究和讨论,最后决定进行废水处理,循环再利用。

2. 项目方案

水洗工段使用的水是用来洗木片的,对水质要求不高,只要将废水中杂质和泥砂除掉即可重新使用,方案如下:

(1) 初步处理:

冲洗木片水经污水池进入调节沉降池,废水中部分自然沉降物通过沉淀后排到罐车,送到锅炉房煤场。

(2) 污水处理法:设计两套同样系统,一开一备,确保废水不间断处理,每套系统处理能力为 10t/h。

处理系统包括:

过滤池:主要设备过滤网带机,清除废水中木渣。

沉淀池:主要设备沉淀渣箱,除去过滤池未除尽的细小木渣、尘土等。

清水池:集中过滤收集处理后的水,打回水洗工段冲洗木片。

污水池:集中过滤池及沉淀池的污泥,由罐车送锅炉房焚烧。

工艺流程简图如图 2-2-1 所示:

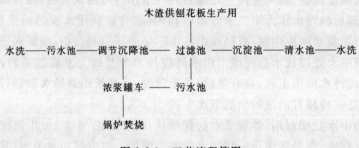

图 2-2-1 工艺流程简图

3. 项目实施

该项目于 2000 年初开始调研、确定技术改造方案,4 月开工,于 8 月底全部完成并投入运行,先后投资 66 万余元,其中设备投资 54 万元,基建投资 12 万元。

4. 效益分析

该项目经过半年多的运行考察,运行状况良好,达到各项水质要求指标,取得了较好的经济效益,同时获得了很好的社会效益,既节约了自来水用量,又对环保做出了贡献。

(1) 该项目设计处理能力 10t/h,目前根据工艺用水量实际回收量为 8t/h,每月可节约用水 5700t,则年节水量 $5700 \times 12 = 6.74$ 万 t。

按现价计算年节支 $6.74 \times 3.2 = 21.6$ 万元

(2) 水处理回收木渣,作为我厂刨花板生产的原料,重新利用。经实测,每天回收木渣 0.7t,则年可回水利用木渣价值:

$$0.7 \times 300 \times 200 = 4.2 \text{ 万元}$$

(3) 总计年经济效益达 $21.6 + 4.2 = 25.8$ 万元。

(4) 投资回收期:$66 \div 25.8 = 2.6$ 年。

北京市木材厂

2.2 北京亚新科天纬油泵油嘴股份有限责任公司工业及生活废水重复利用工程

北京亚新科天纬公司位于北京市丰台区,是机械加工企业,在岗职工约 2200 人,主要产品是喷油泵、喷油嘴、喷油器及三付偶件。

公司 1999 年开始搞工业及生活废水重复利用工程,至今共进行了三个阶段,取得利用再生水 10 万 m^3 的成果。

1999 年 5 月至 2000 年 5 月为第一阶段,期间投资 158 万元,建成日处理量 1800m^3 废水的污水处理站一座,用于处理厂区全部废水 45 万 m^3/a 及部分生活废水约 4.8 万 m^3/a。回收处理量按新量 75% 计算,计划处理量为 37.5 万 m^3/a。处理工艺流程如图 2-2-2 所示。

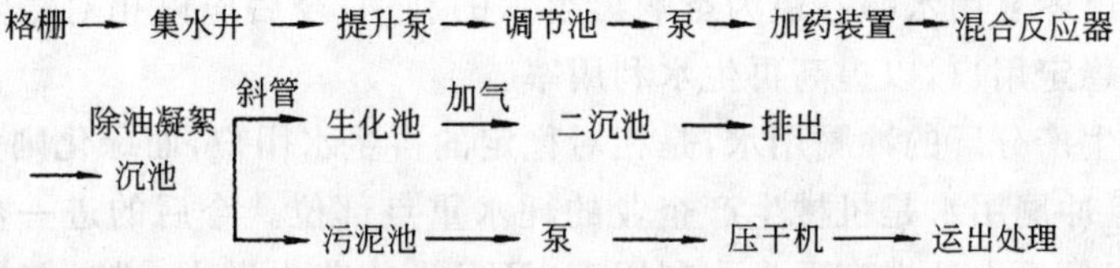

```
格栅 → 集水井 → 提升泵 → 调节池 → 泵 → 加药装置 → 混合反应器
                                                    ↓
除油凝絮 ─ 斜管 ─ 生化池 ─加气→ 二沉池 → 排出
  沉池        ↓
            污泥池 → 泵 → 压干机 → 运出处理
```

图 2-2-2 工艺流程图

经过处理的水质,接近地表排放二级标准,见表 2-2-1:

表 2-2-1

	COD	石油类	悬浮物	pH 值
北京市管网排污 A 标准	150mg/L	10mg/L	160mg/L	6～9
地表排放二级标准	≤40 mg/L	≤5mg/L	≤70mg/L	6～8.5
排放水检测值	≤40mg/L	≤1mg/L	≤80mg/L	6～7

在试运行过程中,处理后的水质状况与地表排放二级水质标准相近,而地表排放二级水质是可以用于农田灌溉的。在此期间在二沉池中放养了鲢鱼,在水缸中用处理后的水试养了观赏鱼,都能长期存活,在试运行中计算了废水处理的成本,达 1.10 元/m^3。而此时自备井水位下降,自来水压力不够,流量不足,这两种水源逐渐难以满足公司的用量。为了保证污水处理站能有效正常地运转,体现其价值,使其不成为企业的经济负担,同时开辟了公司的第三水源。合理利用再生水,节约新鲜水,充分利用两者的差价,作为污水站正常运行经济保障。

从 2000 年下半年开始 2001 年上半年为第二阶段,在此期间建了 240m^3 再生蓄水池一座,变频供水设备及泵房一座,敷设各种再生水供管线 4500 余 m;增建 2.2 万 m^2 家属宿舍楼的中水管线、锅炉房冲渣管线、公司各采暖系统补充水管线,初步开始利用再生水,取得了使用部位的认可。

从 2002 年 4 月开始第三阶段工作,完善绿化普遍使用再生水的工作;建家属楼中水系统、消毒系统及设备间一座,至今已形成一定再生水利用能力。经计量 2000 年 6 月至 11 月共利用再生水 4.4 万 m^3,合全年 10 万 m^3。从 2002 年起企业耗水量有明显下降,万元产值耗水量也有明显下降

在这 3 个阶段中共投入资金 195.91 万元,从目前状态看,再生水利用取得一定成果,已达到 10 万 m^3/年,但还未达到预期的 17 万 m^3/年的利用量,分析原因如下:

原计划热处理高频炉补充再生水,因工艺不适合取消再生水利用;

绿化用水的温室及盆花养殖仍使用自来水;

夏季用水高峰再生水供应有时中断,妨碍了再生水的使用;冬季再生水用量少,有大量流失约 400～500m^3/d。

其中尤以冬夏用水峰谷最为影响再生水的利用,今后应以相对稳定的再生水用户替代不稳定用户,以提高再生水利用率。

由于各生产分厂的冲厕用水,是相对稳定的再生水用户,而绿化则为相对不稳定的用户,且冲厕用水是机械生产企业的耗水重点部位。今后的进一步改造要从这里入手,以便更大地提高再生水利用率,开发设施节水潜力,进一步取得节水新成果。

北京亚新科天纬油泵油嘴股份有限责任公司

2.3　北京服装学院中水利用工程

高校人口数量多,用水量大,是推广中水工程的重点单位,市领导在视察了北京交通大学中水工程后,要求有条件的单位都要上中水。北京服装学院积极响应,成为北京高校第一批实施中水工程的单位。

校方经过多方考察,根据学院占地面积小,工程设施必须做在地下的特点,经招标、竞标,最后确定由万侯环境技术开发公司承接该院的中水工程,其中土建部分 60 万元,外线改造部分 25 万元。中水工程于 2001 年 4 月动工,9 月 20 日左右基本结束,10 月正式投入使用。9 月 26 日和 11 月 29 日市环境保护监测中心两次取中水水样,监测结果合格。

1. 该中水工程有以下几个特点

(1) 学院地方小,全院占地才 128 亩,因教育事业的发展都已有规划,因此选择做全地下中水工程,将设备间、80m^3 的调节池、90m^3 的中水清水池以及氧化池都设在地下。这样可以减少地面占地。

(2) 学院中水水源主要采用浴室水和三栋宿舍楼盥洗间的下水,经过处理后

的中水用于冲宿舍厕所、绿地、喷洒操场等,设计每小时处理量 10t,冬季绿地、操场不用中水,因此小时处理量可降到 5t。冬季每天蓄水 65t 即可,但其他季节每天的储备量必须在 100t 以上。

(3) 学院采用的中水处理工艺比较先进,是以好氧、生物接触氧化为主的"生化法中水处理技术",该技术具有水中悬浮物去除率高、设备全自动化、运行管理简便的特点,系统内部电器设备由 PLC 集中控制。

(4) 风机和水泵是比较关键的设备,我们要求必须是优质产品,尽量用进口或者合资的,我们用的风机是百事得低噪声回转式鼓风机,水泵是进口的格兰富泵,一、二级泵用的是合资的蓝深泵。

(5) 向宿舍的供水是变频恒压供水,不管在什么情况下用水,管道水压不变,保证正常用水。

(6) 收集原水方面各路都装了闸门,根据不同季节和不同时间段,可以分路收集水源。

2. 工艺流程及主要处理设备

(1) 中水处理工艺流程(见图 2-2-3):

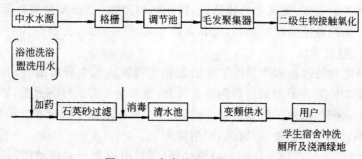

图 2-2-3　中水处理工艺流程图

(2) 主要处理设备。

1) 格栅:

截留中水原水中部分漂浮状杂物,如纸屑、布条、塑料薄膜等,防止影响后续处理设备运行。

2) 调节池:

中水水源为洗浴污水等优质杂排水,因水量和水质不均衡甚至一日内发生很大变化,这种变化对于生物处理设备正常发挥其净化功能不利。采用污水调节池,用以进行水量的调节和水质的均合,以保证生物处理的正常进行。

在调节池中增设穿孔曝气管,通过鼓风机向水中鼓入空气曝气,使水质均合效果良好,能够防止水中悬浮物的沉积,且兼有吹脱水中气体污染物作用。另外还能氧化部分易降解的物质,减轻后续水处理设备的负荷。

3）毛发聚集器：

毛发聚集器用于中水处理中，作为过滤前处理，去除水中毛发、纤维状物质及大块颗粒状杂物，以保障系统正常连续运行。

毛发过滤器过滤面积大，阻力小，过滤效率高，设有快开式顶盖，清理方便，采用不锈钢滤网，寿命长。

4）提升泵：

采用自吸式污水泵，便于维修。叶轮为防缠绕结构，防止堵塞。

5）加压泵：

采用自吸式污水泵加压污水，占地省，寿命长。每台泵正常运行 8000h 以上。

6）生化处理池（接触氧化池）：

接触氧化池作用是利用填料上附着生长的生物膜吸附氧化水中有机污染物。采用鼓风机作为接触氧化池的充氧手段。该设备为日本引进合资生产产品，采用新型转子形式，效率高，噪声低，对环境干扰小，使用寿命长，维修管理简便，噪声低。本设备放于接触氧化池外部，维修方便，采用微孔曝气器充氧效率高，比孔管效率提高 8%～10%。另外增加循环水量以提高接触氧化池的水力负荷，有利于填料上生物膜的更新，提高生物膜活性，防止填料阻塞，充分发挥填料上生物膜氧吸附作用。采用悬浮型球型填料，比表面积大，挂膜性能好，为新一代生物填料。

7）石英砂过滤器：

用于将生物处理过程中脱落下来的老化生物膜从水中分离出去，并进一步降低水中污染物浓度。采用泵后投药管道混合，微絮凝压力式接触过滤，滤后水利用余压送到中水回用水池。砂滤器反冲洗，用中水回用水池中的清水。

采用不锈钢材料制造，耐腐蚀，使用寿命长。

采用 PLC 可编程程序自动控制液动阀（通过电磁阀控制液动阀），定时开闭，作反冲洗与运行两个工况转换，可减少人工操作带来的麻烦，大幅度地提高了系统的自动化水平。

8）加药装置：

（A）用于投加混凝剂，在污水经过加压泵后，向水中投加混凝剂，使老化的生物膜及水中悬浮物迅速凝聚，加速沉降，更好地去除水中悬浮物及胶质物质。

（B）用于投加消毒剂，中水经过滤后水中还会残留大量病菌、病毒、生物菌群，需要将其杀灭，采用加药装置，投加含氯消毒剂，以杀灭水中各种微生物、致病菌、病毒，达到水质卫生标准。

此装置的特点：

（A）结构紧凑，占地面积小。

（B）全部采用耐腐蚀材料，设备使用寿命长。

（C）药液采用计量泵投加，投加方便，投加量可调节，运行可靠，操作灵活。

9) 中水回用水池：

经过处理的中水贮存于中水回用水池中，以供使用。补水采用自动液压补水阀，当中水回用水池水位达到超过低水位时，自动打开补水阀进行补水。

10) 中水变频供水系统：

采用在世界上有很高知名度的变频调速控制器，实现恒压变量供水。该产品特点是供水控制器和变频器合为一体，结构紧凑、提高了可靠性。并且直接接入变频系统的远传压力表，随时检测管网压力，流量压力控制精确。该产品寿命长，设备运行安全，无需专人看管。

11) 绿化中水供水泵：

中水用于操场、绿地浇洒，用绿化中水供水泵从中水回用水池提升至操作附近的储水池。

3. 中水效益

(1) 经测算，每 t 中水的运行费用约 1.40 元。根据工艺要求，每 t 中水需要投入絮凝剂 8g，消毒剂 4g，每 t 中水需要投入的这些药费为 0.17 元。每 t 中水的运行成本为：药剂费 0.17 元＋电费 0.65 元＋人工费 0.28 元（按每月工资 600 元计算）＋维修费 0.10 元（按每年 2000 余元计算）＝1.2 元＋不确定的因素 0.20 元＝约 1.40 元。

(2) 学生宿舍每天冲厕水量 60t 左右，加上绿化喷灌等用水，全年使用中水 2.5 万 t，每 t 中水水价约 1.40 元，每 t 自来水水价 3.90 元，因此使用一吨中水，就能节约水费 2.50 元，预计全年至少可以节约经费 6.25 万元。

目前，该中水工程的中水处理能力有富裕，下一步准备争取经费扩大中水用途，将中水的使用引到花房、化工实验室及教学楼，目前工作正在进行中。

北京服装学院

2.4　中央民族大学中水利用工程

中央民族大学是中国面向 21 世纪重点建设的 100 所大学之一。占地面积 261144.17m^2，建筑面积 162485.33m^2，位于中关村南大街 27 号。中央民族大学拥有 56 个少数民族，现有教职工及在校生 1.1 万人。学校用水来源主要是自来水和自备井，随着教职员工数量增加及学生的不断扩招，用水量急剧上升。为了解决学校用水供需平衡的问题，在 2000 年 4 月学校建设新浴室时，决定建设中水利用工程。

中央民族大学教学区中水站位于新建浴室地下室（调节池位于室外），机房占地面积 150m^2。中水来水经本系统处理后均达到了北京市环境保护监测中心要求的国家规定的中水水质标准。

目前，新建浴室已建成并投入使用，其中，中水处理站运行后满足了对二次用水的利用。中水原水为洗澡水,用来冲洗学生公寓的厕所。浴室洗澡水平均每日产水量100t。从水质方面看,洗浴污水和污染物质浓度相对于其他生活污水低些,水量较大,容易收集,是中水的良好水源。此项设备由混凝沉淀、接触氧化和过滤三部分组成,承受温度变化、水质浓度变化能力很强,尤其是用于洗浴污水处理,经使用,实际效果良好。

设备安装运行后,学校做了以下三项工作:
(1) 对中水管理人员进行了现场操作运行培训,使上岗人员能够独立操作。
(2) 制定了《中央民族大学中水处理设施的日常运行规程》。
(3) 制定了《中央民族大学中水操作人员定期检查加药规程》。

学校中水处理站运行后实行分质供水,既是对新水水源的节流,又为学校低水质用水提供了可靠的水源,用再生水代替自来水,把处理的中水作为第二水源是一项非常好的节水措施,初步计算可为学校节省3万t新鲜水源,具有一定经济效益。

1. 工程概况

该工程中水原水为洗浴水,处理中水用于冲厕。工程采用先进的"生化法处理技术",该工艺具有水中悬浮物去除率高,感观性能优,抗冲击负荷强,出水水质稳定,运行费用低,设备自动化程度高,运行管理简便的显著特点。

2. 水质、水量

中水产量为$10m^3/h$,水质、水量情况见表2-2-2。

水质、水量情况表　　　　　　　　　　表 2-2-2

项 目	标 准	项 目	标 准
色	色度不超过40°	化学耗氧量(重铬钾法)	不超过50mg/L
嗅	无不快感觉	阴离子合成洗涤剂	不超过2mg/L
pH	6.5～9.0	细菌总数	1mL水中不超过100个
悬浮物	不超过10mg/L	总大肠菌数	不超过3个/mL
生化需氧量(5d20℃)	不超过10mg/L	游离余氯	管网末端不低于0.2 mg/L

3. 工艺流程图

工艺流程如图2-2-4所示。

4. 处理设备简介

(1) 格栅:

截留中水原水中部分漂浮状杂物,如纸屑、布条、塑料薄膜,防止影响后续处理设备运行。

(2) 调节池:

中水水源为洗浴优质杂排水,因水量和水质不均衡甚至日内发生很大变化,这种变化对于生物处理设备正常发挥其净化功能不利。采用调节池,用以进行水量的调节和水质的均合,以保证生物处理的正常进行。

在调节池中通过曝气软管曝气,使水质均合效果良好,能够防止水中悬浮物的沉积,且兼有吹脱水中气体污染物作用。另外还能氧化部分易降解的物质,减轻后续水处理设备的负荷。

(3) 毛发聚集器:

毛发聚集器用于中水处理中,作为过滤前处理,去除水中毛发、纤维状物质及大块颗粒状杂物,以保障系统正常连续运行。

毛发过滤器过滤面积大,阻力小,过滤效率高,设有快开式顶盖,清理方便,采用不锈钢滤网,寿命长。

(4) 提升泵:

用于将调节池中水经过毛发过滤器后提升加入到氧化池。

(5) 生化处理池(接触氧化池):

接触氧化池作用是利用填料上附着生长的生物膜吸附氧化水中有机污染物,采用射流曝气机作为接触氧化池的充氧手段。该设备具有曝气更加均匀,服务面积大,无死角,氧利用率高,有利于填料上生物膜的更新,提高生物膜活性,防止填料阻塞,充分发挥填料上生物膜氧吸附作用。

不需要空气过滤设备,不堵塞;维修管理简便。

(6) 射流曝气机:

具有体积小、风量大、噪声低、耗能省、抗负荷,材质精良、结构巧妙,性能卓越,保养简单,寿命长等优点。

(7) 加压泵:

用于将中间水池中的水加压经过石英砂过滤器过滤后送入中水回用池。

(8) 石英砂过滤器:

用于将生物处理过程中脱落下来的老化生物膜从水中分离出去,并进一步降

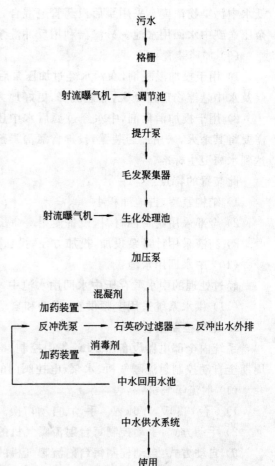

图 2-2-4 工艺流程图

低水中污染物浓度。采用泵后投药管道混合,微絮凝压力式接触过滤,滤后水利用余压送到中水回用水池。砂滤器利用反冲洗泵从中水回用水池中吸水反冲洗。

(9) 加药装置:

1) 用于投加混凝剂,在污水经过加压泵后,向水中投加混凝剂,使老化的生物膜及水中悬浮物迅速凝聚,加速沉降,更好地去除水中悬浮物及胶质物质。

2) 用于投加消毒剂,中水经过滤后水中还会残留大量病菌、病毒、生物菌群,需要将其杀灭,采用加药装置,投加含氯消毒剂,以杀灭水中微生物、致病菌、病毒,达到水质卫生标准。

此装置的特点:

1) 结构紧凑,占地面积小。

2) 全部采用耐腐蚀材料,设备使用寿命长。

3) 药液采用计量泵投加,投加方便,投加量可调节,运行可靠,操作灵活。

(10) 中水回用水池:

经过处理的中水贮存于中水回用水池中,以供使用。

(11) 供水系统采用变频供水,手动和自动控制。

5. 电气控制系统

系统内全部电器设备由 PLC 集中控制,根据各水池液位高低以及设备的运行周期全自动控制射流曝气机、水泵、电控阀门的运转及停止,具体控制方法如下:

(1) 射流曝气机:

1) 6台,380V,1.6kW。手动、自动切换。

2) 手动方式:手动控制每台射流曝气机的切换及每台射流曝气机的起停。

3) 自动方式:自动控制每台射流曝气机的切换。当运行每台射流曝气机出现热保护时,自动转换为备用机。

(2) 提升泵:

1) 2台,一用一备。380V,2.2kW。手动、自动切换。

2) 手动方式:手动控制两台泵的切换及每台泵的起停。

3) 自动方式:自动控制两台泵的切换。

由 PLC 根据液位自动控制泵的起停,高起低停。液位采用浮球液位控制器。

由 PLC 控制其与调节池、中水回用水池液位联动。在调节池低液位并且中水回用水池不到高液位时开提升泵,在中水回用水池到高液位或调节池到低液位时停提升泵。

(3) 加压泵:

1) 2台,一用一备。380V,2.9kW。手动、自动切换。

2) 手动方式:手动控制两台泵的切换及每台泵的起停。

3) 自动方式：自动控制两泵的切换。

由 PLC 根据中间水池液位自动控制泵的起停，高起低停。

(4) 宿舍供水泵：

1) 2 台，一用一备。380V，3.0kW。手动、自动切换。

2) 手动方式：手动控制两台泵的切换及每台泵的起停。

3) 变频供水方式：变频恒压供水方式，系统管网压力高时，水泵减速运转，低时加速运转，一台泵低于额定流量值时，另一台泵自动投入运转，保证系统压力达到设计要求。

中央民族大学

2.5 北京师范大学中水利用工程

北京师范大学是教育部直属重点大学。学校占地面积近千亩，建筑面积70余万 m^2。在校生16000人，住在校内的教职工家属近3000户，约13000人，教职工及其他人员6000人，全校用水人数近35000人，年用水量170万 t（含家属用水量），月平均用水量14万 t。

1. 工程概况

(1) 工程进度：

我校中水回用工程于2002年初立项，中水站新建地上和地下构筑物（200余 m^2）于2003年1月底竣工。室内外管道（含干线和支线3000余 m）及污水井、中水水井共113个于3月10日前全部完工。设备安装（含污水处理、配电、变频、监控等设备）于3月20日前完成。7月初开始运行并投入使用。

(2) 工程投资：

中水工程总投资430万元，其中：土建200万元，设备120万元，管道90万元。

(3) 中水站功能：

1) 主要收集学生公共浴室全部，15楼学生宿舍楼（13万 m^2）盥洗间的废水和少量操场雨水，经处理后用于15栋学生宿舍楼的冲洗厕所、西区绿化喷灌（面积3万 m^2）、冲洗两个大操场塑胶跑道和天然草坪足球场。

2) 作为环境科学研究所的教学基地。

2. 工艺流程

工艺流程如图2-2-5所示。

工艺中采用了生化处理工艺，生物处理与接触氧化，同时采用了机械格栅、进口高效过滤器、噪声小的水下曝气机。中水站采用了自动和手动两种工作方式，由于中水站作为学校教学基地，电器自动化程度较高，同时设置了数字摄像的设备、打印设备、投影设备、监视设备等。

```
污水 ──→ 格栅 ──→ 集水器 ──→ 毛发聚集器 ──泵──→ 机

                  加药
械搅拌反应器 ────→ 初次沉淀池 ──→ 曝气调节池 ──泵──→

一级接触氧化池 ──→ 二级接触氧化池 ──→ 中间

              泵                 消毒
沉淀池 ──→ 中间水箱 ────→ 高效过滤器 ────→ 中水回
                        └──反冲洗泵──┘

         泵
用水池 ────→ 用水点
```

图 2-2-5 工艺流程图

3. 节水效益、经济效益

中水站设计能力每小时处理废水 25~30m³，日处理量 600m³。年节水量 20 万 m³。设计中水处理成本，根据运行情况估算每吨 1.5 元左右（含设备折旧），如果不含设备折旧约 1.0 元/m³。

北京师范大学

2.6 北京国际饭店中水利用系统

北京国际饭店是 1987 年兴建的五星级饭店，占地面积 4.2 万 m²，其中绿地面积 1800m²，建筑面积 11.27 万 m²，建筑设施包括：国际饭店主楼、群楼、2 号楼、职工俱乐部、地下停车场等建筑。国际饭店现有客房 1200 套，共计 2100 个床位。

1. 中水工程概述

国际饭店为了响应市政府节约用水号召，于 2000 年 12 月份开始投入中水设备的施工，总投资 62 万元。该项目利用地下室，原有仓库用地改建，占地面积 400m²，主要包括：调节水箱、中水一体化设备、消毒系统、过滤系统、变频控制供水系统及清水箱，其中中水调节水箱位于主楼地下一层，该中水处理系统于 2001 年 6 月开始投入运行。

中水来源及利用：国际饭店中水来源于职工浴室的淋浴水及漱洗用水，用水量随季节不同而变化，平均每日用水量 100m³ 左右。此洗浴水经中水处理后，全部达到回用水水质标准，用于饭店的绿地、洗车、地面冲洗、冷却塔补水、机房冲洗、职工厕所冲洗及水景喷水池补水等，约占饭店日用水量的 5% 左右。中水系统投入至今，工作状态一直比较稳定，各种设备运行正常。管理人员经常对中水处理运行定时、定量测试记录,其中每日来水高峰在早6点至9点,下午4点至6点,夜间10点至12点,3个阶段高峰期间平均用水量150m³/d,低峰时间用水量60m³/d,每天平均处理洗浴水102.5m³,自来水补水量为5～10m³/d,每日处理中水时间22h。

中水系统的运行人员都接受过专业培训,饭店有3人取得了专业培训证书,并熟悉中水各种设备运行参数及操作规程,现饭店中水值班人员编制6人,轮流值班,每日3班,每班2人,每班次8h,每日24h连续运行。

自2001年6月中水系统运行起,市环保局检测站对中水进行定期取样分析,其中水质经检测均符合中水、回用水水质标准,余氯量、总悬浮物、生化需氧量(BOD_5)、化学需氧量(COD)均达到标准,说明中水系统在卫生上是安全可靠的。pH值达标情况正常,说明中水系统的运行不会引起设备及管道的腐蚀、结垢,不会给日常维护管理造成困难。

2. 中水设备投入产生的经济效益及社会效益

中水运行成本核算:中水运行成本核算与设备投资和实际处理水量运行费用有关。

(1) 设备折旧费:

中水投入资金62万元人民币,折旧期20年,折旧费84.93元/d,合计处理成本费0.84元/m³。

(2) 电费:耗电量72度/d,46.80元/d(电费按0.64元/度),合处理成本0.468元/m³。

(3) 药剂费:4元/d,合处理成本费0.04元/m³。

(4) 维修费:按设备折旧费40%计算,0.84×40%,合计处理成本费0.336元/m³。

(5) 人工费:880÷30×2人=58元/d。合计处理成本费58÷100=0.58元/m³。

合计:中水处理成本0.84+0.468+0.04+0.336+0.58=2.264元/m³。

(6) 节约水费:按现行水费计算,自来水费4.8元/m³。每日节水100m³,节水费(4.8-2.264)×100=253.6元/d。

每月节水:100×30=3000m³/月,节水费(4.8-2.264)×3000=7608元/月。

每年节水:100×365=36500m³,节水费(4.8-2.264)×36500=92564元/a。

根据以上数据说明,中水设备的投入,对饭店对国家都产生了较好的经济效益及社会效益。

北京国际饭店

2.7 燕京饭店中水处理回用改造工程

燕京饭店自开业以来,对节水极为重视,将节水工作始终作为饭店日常管理工作中的一项重要工作。2000年,即使在资金较紧张的情况下,仍投资进行了中水处理回用的改造工程。

1. 中水处理回用改造工程概况

燕京饭店中水处理回用改造工程包括：中水处理机房结构改造及装修、生活污水室外管线改造、中水处理设备安装调试、中水回用管路安装等项目。

(1) 中水处理设备机房改造。

燕京饭店是 1981 年开业的老饭店，由于地域狭小，建筑设计先天缺陷等原因，使饭店没有可作为中水处理设备机房的房间或可建机房的地域。为此，饭店千方百计克服困难，投资将餐厅楼地下室的一部分房间进行结构改造，改造为中水处理设备机房，并在地下室房间内下挖浇筑出地下储水池。

(2) 污水室外管线改造。

由于饭店建筑内污水管道均隐蔽安装，在饭店正常营业未进行大修改造的情况下，解决收集生活污水并将生活污水引入中水处理机房蓄水池中的问题成了一难题，为了解决这一难题，进行了污水室外管线改造，将生活污水由室外地埋管道引至地下室中水处理机房，为中水处理提供水源。

(3) 中水处理设备安装调试及回用管线安装。

燕京饭店中水处理回用工程由北京市环境保护科学研究院进行工程设计，由北京环科环保技术公司进行设备安装及调试。其余配套施工由北京天元泰环保工程公司进行施工。

2. 中水处理回用项目投资及节水情况

中水处理回用项目总投资 71.5 万元，中水处理规模为 $30m^3/$天，全部引至客房楼用于客房卫生间恭桶冲水，每年可节水约 1.1 万 m^3。

3. 工程处理规模及处理程度

(1) 设计处理水量按 $30m^3/$天考虑。

(2) 进水水质：

所收集的污水主要为生活污水，其水质如下：

COD：300～500mg/L   SS≤250 mg/L

BOD：200～400mg/L   pH：6～8

(3) 出水水质：

污水经过处理后达到市政杂用水标准，水质指标为：

COD≤50mg/L

BOD≤10 mg/L

SS≤10 mg/L

大肠菌群数<3 个/L

细菌总数<100 个/mL

4. 工艺流程

由于生活污水属易生物降解污水,故本工艺流程以生物处理为主工艺,主体设备采用二级生物接触氧化－砂滤为一体的组合设备。该工艺具有处理效果稳定、出水水质好、处理能耗较低、抗冲击负荷能力强等优点。处理工艺流程如图 2-2-6 所示:

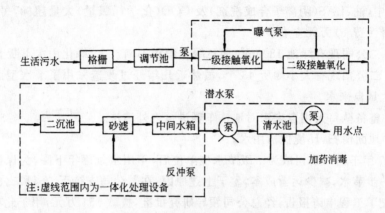

图 2-2-6 处理工艺流程图

本处理工艺原水首先经格栅进入调节池,调节池主要功能为调节水质水量。调节池出水由潜污泵提升进入一体化处理设备。污水在一体化设备中经过二级生物接触氧化、沉淀及砂滤工艺处理后,水中的 COD_{cr}、BOD_5、LAS 等有机污染物得到充分降解、SS 绝大部分在砂滤池中被截留。砂滤池出水进入中间水箱,中间水箱设有潜水提升泵可将一体化处理设备出水提升至清水池,同时在泵的出水管道中加入消毒剂,消毒剂在管道中与水混合。清水池分为两段,其中第一段为接触池,可保证消毒药剂与一体化设备出水有足够的接触时间,以确保出水的细菌、大肠菌群等指标达到回用标准,同时获得所要求的余氯。清水池出水的各项指标均可达到生活杂用水要求,可以回用于宾馆冲厕。

燕京饭店

2.8 地铁运营公司车辆二公司污水处理及中水回用工程

地铁运营公司车辆二公司(原太平湖车辆段)地处海淀区德胜门外西大街 5 号,1982 年建段至今已有 20 余年。全公司占地 13.5ha(1ha=10000m^2),建筑面积 52567.62m^2,绿化面积约 1800m^2,全公司现有职工 1300 余人,使用市政自来水,年用水指标为:12 万 m^3。车辆二公司 2000 年 12 月经市节水办验收合格成为市级节水型单位。

1. 工程改造原因

车辆二公司在总公司节水节电办公室的指导下,十分重视节水工作。根据市政府下达的《市节水若干规定》(66号令)的有关精神分析了本单位的用水情况:

(1) 二公司担负环线运输任务,为了保证每天的运营及生产,每天要产生大量废水,其中,油、LAS(阴离子合成洗剂)及COD(化学耗氧量)大量超标,每年需交纳超标排污费10万元左右。

(2) 二公司现有绿地$1800m^2$,而且绿化面积不断扩大,绿化用水不断上升。

(3) 二公司现有大小厕所43个,虽然近几年经过改造采用了节水型阀门,但仍消耗大量自来水。

(4) 整备队每天用自来水对地铁车辆进行内外清洗。

(5) 地面清扫,环境保洁用水。

2000年车辆二公司成为市级节水型单位后,年用水量逐年下降,为保护环境,也为进一步节水,减少运营成本,鉴于上述原因,在总公司支持下,车辆二公司设备车间提交了工程申请报告,经总公司领导研究批准,拨款154万元,用于此项工程。中水可用于厂区绿化,车库地面清扫,冲刷厕所,冲刷地铁电动客车等。

2. 工程竞标

二公司为使工程保质、保量的完成,专门召开了污水处理、中水回用的会议,根据实际情况,制定技术改造方案。经招标确定由北京市环境保护科学研究院承担此项工程的工艺设计及设备安装。

3. 排放口污水分析数据

对段总排放口污水进行取样分析,结果见表2-2-3。

污水取样分析表　　　　　　　表2-2-3

项　目	单　位	原水浓度	排放标准	回用标准
CODcr	mg/L	200～400	150	50
BOD5	mg/L	150～250	100	10
SS	mg/L	150～300	160	10

4. 工程进度

2001年11月设计方案最终确定,并破土动工。

2002年7月土建工程全部结束。

2002年8月安装设备,并进行调试。

2002年9月处理后的中水取样化验达到回用标准,投入使用。

5. 处理工艺

根据二公司用水和排水水量的调查,确定设计处理量为$400m^3$/天,由于二公司排放的污水中以有机型的污物为主,而且 BOD 与 COD 的比值达到 0.5,可生化性良好,因此采用生化法作为污水处理和中水回用的主体工艺。

整个污水处理和中水回用分为 4 个处理单元,即:

(1) 预处理单元:

本单元主要包括集水井、集水井内的格栅筐、调节池上端的毛发聚集器及调节池、调节池内的提升泵。

(2) 污水处理单元:

本单元包括一、二级接触氧化池、沉淀池、污泥池、污泥泵、鼓风机及曝气设施等。

(3) 中水处理单元:

本单元包括中间水池、中水提升泵、生物炭罐、反冲洗水泵、回供水泵、消毒加药装置、泵房排水泵和清水池、自来水补水装置、自来水及中水计量水表。

(4) 外排水单元:

本单元包括外排水井及外排浅污泵,污水通过外排管道排入市政污水系统。

6. 工艺流程

工艺流程见图 2-2-7 所示。

原污水 → 格栅 → 集水井 → 毛发聚集器 → 调节池 → 生物接触氧化池 →

沉淀池 → 生物炭罐 → 消毒加药 → 清水池 → 回用

↓
外排

图 2-2-7 工艺流程图

7. 经济效益与社会效益

(1) 处理后各项指标(见表 2-2-4):

处理后指标表　　　　　　　表 2-2-4

化学需氧量 COD_{cr}	生化需氧量 BOD_5	阴离子洗涤剂 LAS	悬浮物	色度	pH	油
15.9	5.0	1.86	10	10	7.37	1.85

(2) 从设计理论上计算:

设计日处理量 $400m^3/d$。全年可处理 14.4 万 m^3。

现自来水 2.9 元/m^3,排污费 1 元/m^3。

如按每吨水 3.9 元计算,全年从设计上可节水 14.4 万 m^3,节约水费 56.16 万元。除去每年处理成本 9.99 万元,实际节约 46.17 万元。3 年后投资收回。

(3) 实际中水回用情况:

目前自来水日用水量为 250 m³ 左右,用按 100 m³/日计算,全年节水 3.6 万 m³,节约水费 14.04 万元。减去一年处理费用 10 万元,实际经济效益为 4.04 万元。而且,就北京的用水情况看,水费有逐年上升的趋势。远期效益将十分明显。由于污水经处理达到了排放标准,再不用交超标排污费,每年可节 10 万元。

(4) 社会效益:

节约水资源,使污水发挥最大的作用,为实现首都的可持续发展做一点贡献。同时由于减少污水的排放,保护了环境,使中水工程更显社会价值。

地铁运营公司车辆二公司

2.9 北京清河毛纺厂染色废水深度处理回用工程

根据清河毛纺厂染色废水深度处理回用实验的生产实验结果和生产染色结果,在回用工艺可取得很好的经济效益、社会效益和环境效益的前提下,特提出该厂染色废水深度处理回用工程技术改造方案。

1. 方案原则

(1) 技术改造方案应立足于该厂现有的二级污水处理工艺流程,在尽量不大改动原工艺处理流程的前提下进行设计施工。

(2) 新增处理构筑物和处理装置应做到两少一高(投资少、占地少、效率高)。

(3) 除尽量利用专用自动监测仪器保障回用水质外,还应考虑利用工艺操作本身保障回用水质的合格率。

(4) 采用重力流,尽量减少多次提升,减少能耗。

2. 工艺流程

工艺流程如图 2-2-8 所示。

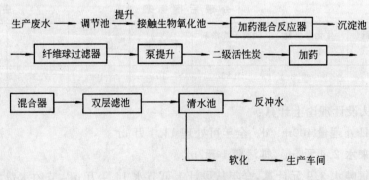

图 2-2-8 工艺流程图

注:图中带方框者为新增设备和新增装置。

3. 设计参数

(1) 全日处理水量：1600(t/日)

(2) 全日生产回用水水量：1200(t/日)

(3) 出水水质(见表 2-2-5)：

出 水 水 质 表　　　　　　　表 2-2-5

色度(E)	COD(mg/L)	浊度(度)	SS(mg/L)	Cr^{6+}(mg/L)
<0.02	<30	<5	<5	<0.1

4. 新增处理构筑物建筑物及装置技术参数

(1) 纤维球快速过滤器：

拟采用江都环保器材厂的定型产品。

型号：GTJD 型过滤器。

台数：2(现有一台)

(2) 双层接触滤池：

结构：钢筋混凝土

池数：4(个)(两个工作、两个反冲)

单池面积：2.10×2(m)

单池设计水量：800(t/日)

反冲强度：15(L/m²·s)

滤料要求(见表 2-2-6)：

滤 料 情 况 表　　　　　　　表 2-2-6

	石油焦炭	石英砂
高度(mm)	400	400
粒径(mm)	0.8～1.6	0.6～1.2

混凝剂投加量：$2.0 \times 10^{-5} \sim 3.0 \times 10^{-5}$[m³(混凝剂)/m³(水)]

(3) 清水池：

清水池拟采用目前该厂空气回用水池进行改建。主要内容为在原清水池内加设隔墙，建成容积相等的两个清水池，单池容积 800m³。使用时，一池内回用水和补充新鲜水按比例混合并测定合格后，送软化车间。另一池进水。二池倒换工作，以保证回用水水质，防止事故发生。

(4) 加药混合反应器：

此装置在现有接触氧化池和沉淀池之间，作用是提高沉淀池的沉淀效果，去除水中的色度和 Cr^{6+}。由于受到现有空间的制约和避免水头损失，该装置为自行设计制造的非标产品，其参数为：

数量:2(套)

加药量:2.8(mL/s)

混合时间:2(min)

反应时间:8(min)

电机功率:≯1(kW)

(5) 加药混合器:

该装置安装于双层接触滤池之前,原则上应自行设计加工。

数量:2(套)

加药量:0.46(mL/s)

混合时间:1(min)

电机功率:≯0.2(kW)

(6) 管线、提升泵、计量设备、测试设备:

除上述部分需自己设计制造外,改造工程还需购置水泵,管材、计量设备、测试设备等。

(7) 活性炭再生设备:

拟购置活性炭微波再生炉一座。

(8) 新增建筑物:

改造工程需新增建筑面积 80m² (活性炭再生车间、工作间、值班室等)。

5. 技术改造工程总投资

工程概算:400000(元)

概算细目见表 2-2-7。

概算细目表　　　　　　　　表 2-2-7

构筑物	50000元	施工费用	20000元
建筑物	30000元	安装调试费用	20000元
设备仪器	150000元	材料费用	100000元
管线	20000元	其他	10000元

6. 电力增容

电力增容约为 20kW。

7. 占地面积

由于技术改造方案建立在充分利用该厂原有设施的基础上,故新增占地面积估计为 200m²。

8. 定员

回用工程在原有污水处理工程的基础上应新增工人 6 人(运转工 4 人,保全工 1 人,管理 1 人),化验工作原则上应由污水站原分析化验人员担负。

9. 经济效益分析

（1）直接经济效益：

若每日生产回用水1200t,清河毛纺厂可做到不超指标用水,完全免去超标用水罚款。

依据市政管理部门规定,向市政管道排放污水,应交纳排污费0.12元/t。若回用工程运行,每月可少排放工业废水36000t,每月可节省大量排污费用。

（2）间接经济效益

若回用工程投产,等于新增一月供水能力为1200t的水源。按目前清毛厂万元产值耗水量284.6t计算,全年从供水能力讲,可以提供1475万元产值的生产潜力。这就是回用工程的间接经济效益。

（3）环境效益和社会效益：

回用工程运行后,每年将减少42万t废水排放量,可缓解清河的污染程度,有利于该地区的环境保护。另外,还可减少地下水的抽取量,缓解地区地下水水位的下降趋势。另外,还可缓和该地区夏季高峰用水时的用水紧张状况,支持了北京市的节水工作。

本工程是北京清河毛纺织厂在染色废水处理回用中间试验的基础上,利用原有二级生化处理设备完善的深度处理示范工程。

此回用工程经过三个多月的生产运行,结果表明：回用工艺可达到设计要求,生产运行稳定可靠。

处理出水达到了回用于生产染色的工艺要求,运行管理较方便,运行成本较为经济。

该回用工程的运行具有明显的经济效益、环境效益和社会效益,为污水资源化开辟了一条新路。可在同类企业结合具体情况推广使用。

北京清河毛纺厂

2.10　北京炼焦化学厂工业废水回用工程

北京炼焦化学厂是以供应首都煤气为主的大型企业,生产用水有自备井水和水源六厂提供的工业河水两种水源,主要用于厂内焦炉熄焦、煤气净化回收系统设备冷却以及锅炉用水等。北京炼焦化学厂的节水工程中,工业废水的回用是一个重要方面,目前,工业用水重复利用率达到95%以上。

1. 改造项目概况

炼焦和煤气净化过程中产生的含酚废水及厂内生活污水,经收集输送到水处理分厂进行生化处理,达标后排放。见图2-2-9（非虚线部分）。此次改造为充分利用有限的水资源和进一步加强环保治理,经过认真的调研和技术论证,决定将原生化排水回用于厂内三个炼焦分厂作为熄焦补充水,节约原熄焦用工业河水。1999年一期工程项目(图 2-2-9 虚线部分)完成后,经过试运行,回用水水质符合使用要求,并取代了原工业河水,节约了新水用量。

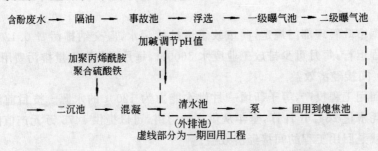

图 2-2-9　焦化厂工业废水处理工艺及一期回用工程图

北京焦化厂有两个排水系统,一个为生活污水及酚水排放系统,经生化处理后,目前已全部回用。另一个为雨水排放系统,该系统在雨季时排放全厂雨水,非雨季时能收集部分较净工业废水(净废水)。经过对净废水进行水质连续检测化验,其中 $COD<70mg/L$;酚$\leq 0.1mg/L$;pH:7~8 $NH_3-N\leq 2.5mg/L$;油$\leq 4mg/L$。此水可用于熄焦、冲渣、绿化浇花等,因此该污水回用具有可行性。在一期废水回用工程中已回用了 87 万 m^3,但在熄焦用水量上仍有缺口。

我厂三个炼焦分厂熄焦用水量约为 150t/h,现生化酚水可供 100t/h,而 50t/h 的缺口可由净废水顶替。具体做法是:将厂里雨水泵站收集到的部分较洁净的工业废水通过改造补充到生化回用废水中,增加废水回用量 50 万 m^3/年。图 2-2-10 为焦化厂二期水回用工程流程图。

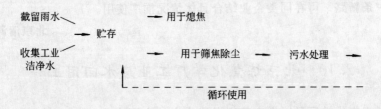

图 2-2-10　焦化厂二期水回用工程流程图

2. 项目施工内容

在一期节水改造实施中,安装铺设了回用管道 1000m,增设了回用水泵,并根据回用水水质要求,增设了贮配药等加药装置及土建泵房等相关设施。

废水回用项目(二期)实施中,从外排雨水管线上新做一条雨水管线至北污水泵房,在北污水泵房内加装一台污水泵,利用原生活污水管道将净废水送至水处理分厂作为生化处理稀释水,同时增加原废水回用量。

3. 节水效果及经济效益

生化废水回用(一期)于焦炉熄焦后,代替了原熄焦用地表水,回用水量平均为 $100m^3/h$,年节约地表水量 87.6 万 m^3,年节约地表水外购费用约 114 万元,具有明显的经济效益。

废水回用(二期)项目实施后;从 2000 年 11 月初系统经调试后试运行一个月的结果看,11 月份扬水站外排水量较 10 月份少排水 11.2338－5.7114＝5.5224 万 t,每年至少可以回用水 50 万 t,直接节约费用 100 多万元,同时节约宝贵的水资源又具有良好的社会效益。

4. 主要材料设备及资金使用情况(见表 2-2-8 和表 2-2-9)

废水回用一期改造主要材料设备表　　表 2-2-8

序号	名称	规格	单位	数量	备注
1	无缝钢管	$DN100\sim250$	m	1080	
2	回用水泵	8SH-13A	台	3	
3	加药泵	25SG-4-20	台	3	
4	贮药罐	$V=7m^3$	个	1	
5	配药罐	$V=2m^3$	个	2	
6	加药泵房	$10m^2$	座	1	

废水回用二期改造主要材料设备表　　表 2-2-9

序号	工程主体内容及设备材料	规格型号	单位	数量
1	净废水调至北污水:			
	地下输水管线敷设	$DN1200$ 混凝土管	m	330
	污水泵	WQZD-32-15	台	1
	检查井		座	10
2	水处理分厂北污水系统改造			
	管道敷设	$DN150$	m	170
	阀门			
3	其他			

污水回用项目(两期)共投资 112.1 万元,两期工程年节约水费用 214 万元,半年即可回收工程投资。

北京炼焦化学厂

3 循环冷却水改造工程

许多工业生产中都直接或间接使用水作为冷却介质,因为水具有使用方便,热容量大,便于管道输送且化学稳定性好等几个特点。工业冷却水中的大部分是间接冷却水,间接冷却水在生产过程中作为热量的载体,不与被冷却的物料直接接触,使用后一般除水温升高外,较少受污染,不需较复杂的净化处理或者无需净化过程,经冷却降温后即可重新使用。因此,实行冷却水尤其是间接冷却水的循环利用,提高冷却水的循环利用率应成为工业节水的重点。

北京市工业用水量占城市总用水量的26%,而在工业生产中冷却用水量占工业用水量的70%~80%,因此,冷却水的循环利用和提高循环利用率是工业节约用水的重要内容。自20世纪80年代初以来,北京市对循环冷却水的节水改造工程一直十分重视,在循环冷却水技术改造项目中,除了冷却循环水改造外,还包括空调机组和制冷机组的改造,通过技术改造降低循环用水量,以达到节约用水的目的。

3.1 北京市水泥机械总厂循环水改造工程

1. 概述

全厂年总用水量210万t,补充新水量32.2万t,复用水量177万t,复用水率85%(1993年数据)。

该厂有冷却水循环系统,共有4个冷却水池,共计400m^3。由于水未经软化处理,经常在高温下运转,造成管网及设备结垢,产生堵塞,烧毁部分元器件,迫使停工停产,损失严重。特别在夏季冷却水温差小,进口水温达不到要求,自来水直供浪费大,每年有4万t白白流淌。急需加软化系统及改造循环系统。

水质标准:悬浮物<20mg/L

碳酸盐硬度约11德国度

含盐量:一般<1200mg/L,最高不超过1800mg/L

pH值6.5~8.5

油<5mg/L

水温<35~40℃

2. 工程内容

(1)炼钢电炉冷却水循环系统改造,见图2-3-1。

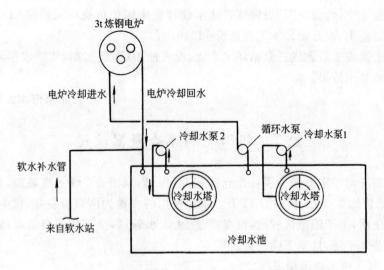

图 2-3-1 水泥机械总厂炼钢电炉冷却循环水示意图

(2) 空压机冷却水循环系统改造；
(3) 原铸球车间冷却水软化处理工程及部分旧水管道更新，见图 2-3-2。

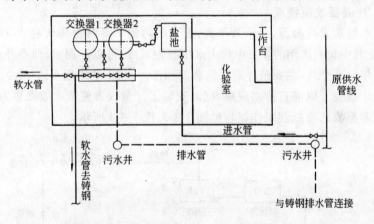

图 2-3-2 水泥机械总厂软水供应站示意图

购置并安装各种设备 13 台套：包括玻璃钢冷却塔、软化水设备等。各种管道 318m。新增建筑面积 40m²。维修冷却水池三座。维修水泵房 30m²。

3. 节水及经济效益

电弧炉水冷却系统改造后，月节水 3000t，改造前铸钢车间月耗水 63000t，改造后月节水 36000t。

空压机冷却水系统改造后杜绝夏季用水高峰直排水，年节水 4000t。

以上两项全年节水 40000t、节约人民币 3.2 万元；夏季超指标加价 4.9 万元，更新炉盖2个,价值2万元;铸球软化水处理使中频炉免烧坏元器件54800元;综合经济效益15.5万元。本工程造价423465元。

该工程竣工后建成三套循环水系统,投入使用后,经实测,年节水达4万t,达到预期的节水效果。

北京市水泥机械总厂

3.2 朝阳气调库冷凝器改造

朝阳气调库主要经营项目是仓储保存、保鲜,属于0℃以上高温库,在岗职工60人,产值约350万,利税为31万。单位使用的水源为两口自备井,供生活、生产和绿化使用,由于距市区较远,没有市政上、下水管网,全部依靠自备水源,近五年用水量基本平衡,且呈下降趋势。

1. 节水技术改造情况

该单位用水主要是冷库用水,1986年以前,老式制冷设备年用水量为18万t,1986年更换了制冷设备,年用水量为2万t。2000年再次对制冷设备改造,改用节水型蒸发式冷凝器并配备软化水处理器一台。

2. 冷凝器改造特点

节水型蒸发冷凝器,由于效率高,夏天最热的7、8月份每天补水7t,冬季从每年的11月中旬到次年的3月中旬由水冷改为风冷,可以不用水,即不补充水。用水季节每年约8个月,主要是冷凝器的蒸发和排污用水,全年用水约1500～1700t/年。在运行中改变了以前直排水现象,同时安装了计量仪表使节水效果更为显著,其制冷系统和蒸发式冷凝器工作流程见图2-3-3、图2-3-4所示。

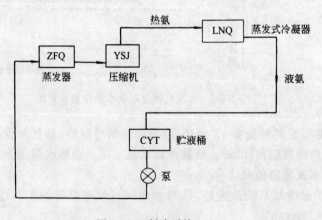

图2-3-3 制冷系统

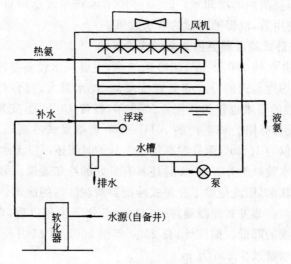

图 2-3-4 蒸发式冷凝流程图

3. 经济效益与投资

采用节水型蒸发式冷凝器后,年用水量 1500~1700t,较以前年用水 2 万 t,节约用水 1.85~1.83 万 t/年,节约水费约 3 万多元。因制冷设备运行状态的改善,并可节电 1.5 万度,增加软化水处理器后,可免掉除垢费用每年约 1.5 万元,库房出租率提高 10%,年收入增加约 10 万元。

改建节水型蒸发式冷凝器总投资为 32 万元,该套设备目前运行良好,经济效益约需 2 年即可收回全部投资。

朝阳气调库

3.3 北京大红门南郊冷冻厂制冷系统冷凝器改造

北京大红门南郊冷冻厂是一家隶属于北京食品公司、北京二商集团的冷藏加工企业。有总容量为 13500t 的食品冷库,该库始建于 1956 年,1957 年建成投产,是建国后本市建设的第一座大型商业冷库。现有在岗职工 183 人。

该冷冻厂的主要生产任务是承担生肉的冷加工及各类易腐食品的保鲜和低温储藏。如果品、鲜蛋等食品的保鲜,各种肉类食品、水产品、速冻食品的低温储藏。同时,还承担一定的特供任务。

使用的水源为自备井水及自来水,有自备井三座,自来水入户一处。

1998 年至 2002 年 11 月,计划用水总量为 785 万 m^3,实际使用量为 415 万 m^3。1998 年至 2002 年总产值 2742.4 万元,实现利税 89.4 万元。

近五年来年实际用水量变化较大,2000 年以前实际用水量均在 120 万 m^3 以上,主要是制冷机房消耗的冷却水。2000年的节水技术改造项目"安装蒸发式冷凝器"竣工投产使用后,取得了明显的节水效果。

1. 制冷系统卧式冷凝器更换为蒸发式冷凝器

原年耗自备井水约120万 m^3,制冷系统中,主要耗水设备是冷凝器。原使用的11台冷凝器,均为老式的卧式壳管式冷凝器,耗水量大,每台每小时耗水量约 $30m^3$,而且对水温的要求也较为严格。2000年,投资75万元,安装了两台中美合资,益美高制冷设备有限公司生产的ATC—260型蒸发式冷凝器,该冷凝器每台每小时的耗水量仅为 $1.5m^3$,而且冬季约三个月的时间还可以无水运行。因此,它最大的优点是节水效果十分显著,而且还具有良好的冷却效果。另外,由于蒸发式冷凝器使用的是软水,因此免除了原卧式冷凝器清洗除污的麻烦。

由于安装了两台蒸发式冷凝器,所以自2000年下半年以后,自备井水的实际用水量有了大幅度的降低。据统计,自2000年至2002年11月份,自备井的实际用水量比计划用水量减少206万 m^3。

该节水技术改造项目,于2000年8月竣工并投入运行,项目在同行业中具有先进技术水平。工程项目总投资75万元。

2. 蒸发式冷凝器工作原理及几个影响因素

(1) 工艺流程:

制冷剂气体经过压缩机排出后进入蒸发式冷凝器。连续循环的冷却水将冷凝盘管包容于水流中,同时机组外四周的空气从冷凝器底盘上的进风格栅进入,与水的流动方向相反,向上流经盘管。一小部分水蒸发而吸走热量,使水温随之下降,管内的制冷剂气体便逐渐降温冷凝成液体,沿着管子斜度流到高压储液器,再返回系统循环运行。水从空气分离出来。空气往上升,经风机排放到周围大气中。湿热空气经脱水器分离出来的水滴流向积水槽,经水泵回到水分配系统喷淋在盘管上。如图2-3-5所示。

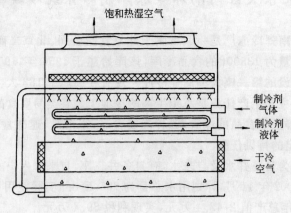

图2-3-5　蒸发器工艺流程图

（2）空气循环：

机组必须安装在建筑物顶部或空气流动畅通的地面上。如安装在周围有障碍的场所，必须避免排出空气的回流。因为回流空气将提高进风口的湿球温度，使运行水温超过设计温度，影响机组效率。因此机组风机排气口高度必须高于或至少等于四周围墙顶端。

（3）循环水系统：

随着一部分喷淋水的蒸发，含在水中的矿物质和其他杂质便遗留下来。必须定期排污，防止上述物质积聚。否则水的酸度或矿物含量渐渐提高，会产生腐蚀或水垢。

（4）排污：

每台机组箱体侧面装有一台水泵。水泵有一条透明的产水管以便检视。管上安装的阀可控制排污量。若补充水中矿物质含量低，排污量可减少，应经常检验水质以防止水垢。补充水的压力应在 270kPa 到 450kPa（2.8kgf/cm² 到 4.6 kgf/cm²）范围内。

（5）水处理：

若补充水内的矿物质含量很高，单用排污办法无法有效防止水垢。应请有关水处理公司来处理水垢问题。

若采用化学品来处理水垢，该化学品必须不破坏机组构件的镀锌层。

当采用酸处理时，应精确计量，并正确控制浓度。水的 pH 值应保持在 6.5 到 8.0 之间。需要用酸清洗时，要格外小心。而对于镀锌构件，只推荐使用含缓蚀剂的酸。

北京大红门南郊冷冻厂

3.4 奥克兰防水材料有限公司循环水改造工程

该公司日耗水量 3500t，其中生产区日耗水量 2880t。生产区主要用水部位是三个生产分厂及锅炉房。油毡分厂用于工艺冷却水，日耗水量 1600t，目前正进行治理，达到全部循环使用。沥青分厂冷却水循环使用，夏秋季需补充新水降温，日耗水量 295t。锅炉日耗水量 912t。

1. 工程

（1）制毡机冷却水独立循环：方案采用吸收式制冷机，使循环水降温，制冷机出水温度 12℃，进水温度 18℃，可满足油毡生产工艺要求；

（2）蒸汽凝结水回收：蒸汽间接加热形成的凝结水回收，经过滤后用于锅炉生产用水，以减少锅炉耗水量；

（3）沥青池冷却水独立循环：加冷却装置降温，全年闭路循环，杜绝补新水。

2. 综合效益

制毡机冷却水独立循环年节水 35 万 t,见图 2-3-6。

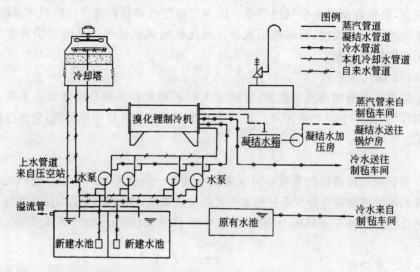

图 2-3-6　北—奥公司制毡车间节水工程管道系统图

沥青池循环水工程年节水 10 万 t；

凝结水回收工程年节水 20 万 t,节约燃料费、软水费等综合效益 200 万元。

实际工程总投资 162.75 万元。

3. 结论

(1) 由于生产制毡,设备冷却水升温高,滑石粉的飘入影响冷却水水质,影响循环冷却水系统的正常运行。采用溴化锂制冷后,保证夏季循环水系统的正常运行,在系统中利用沉淀井,改善了水质。系统中存在的问题解决得比较好。

(2) 该工程的实施,年节水 35 万 t,节水效果显著,达到预定目标。

北京市金隅集团

4 园林绿化节水工程

灌溉是保证适时适量地满足草坪、树木生长发育所需水分的主要手段之一,是弥补大气降水在数量上的不足和空间上不均的有效措施。而节水型的喷灌技术成为一种可行的灌溉方法已经有60年的历史,具有节水、保土、省工和适应性强等优点。随着水的成本上升,可能会有突破现有模式的新的灌溉方法出现,但目前对于大型草坪和树林区域喷灌仍是一个非常合适的选择。一个完整的喷灌系统由水源、水泵、动力、管道系统、阀门、喷头和自动化系统控制中心构成。公园的草坪、树木改用喷灌系统后,改变了过去漫灌和沟灌所产生的浪费水的现象,也减轻了工作人员的劳动强度,同时由于喷灌能做到适时灌溉和灌溉的均匀度,因此喷灌不仅能节水和降低成本,而且还能起到优化绿化景观的作用。

有了喷灌系统,还必须提高管理水平,才能真正达到节水目的。如喷灌必须密切注意天气预报,不在下雨前进行喷灌。再如,草坪剪草时应留多长的草都有讲究,留长了会增加蒸发量,留短了,会使土壤减少遮阴,也会增加土壤水的蒸发,所以在采用先进技术的同时,也需不断提高管理水平。

4.1 北京市高等院校系统绿地节水灌溉工程

高等学校的人文环境要求其有优美的环境,校园内部都有绿地和林木,为了保证草坪和林木的正常生长,必须要有一定的灌溉设施和一定人力来实现。过去,在各高校大都是人工用皮管漫灌,水的利用率较低,浪费严重。1998年前后,北京市城市节水办在高等院校推广应用绿地节水灌溉技术。首先推广的是微喷技术,微喷是多种节水型灌溉方式的一种,它是通过喷头将水喷射到空中,形成细小的水滴,均匀地喷洒在植物上,为植物正常生长提供必要水分条件的一种先进的灌水方式。推广微喷技术成本比较低,每延长米在2元左右,由于微喷采用地面铺设管线,可避免复杂的土建工程,施工方便,并且对水源的位置及管网压力要求不高,但由于管线在地面上,不仅影响美观,而且易受损坏。

随着北京市经济的不断发展和为适应首都国际大都市对环境更高的要求,近年来,各高校也在大力推广地埋升降式喷灌技术,其价格偏高,平均造价每平方米在11元左右,但这种技术的使用具有明显的优点:(1)可以节约用水。喷灌是利用喷头直接将水均匀地喷洒到作业面上,作业面上的受水时间相同,不产生明显的渗漏和地面径流；(2)可提高植物的品质。喷灌可以适时适量地满足植物对水分的要求，这对于精细控制土壤水分，保持土壤肥力极为有利，它可以调节环境小气候，增加近地层空气湿度，调节温度和昼夜温差，可显著提高植物的品质；(3)可节省人工。喷灌的机械化程度高，便于自动控制，提高作业效率；(4)适应性强。喷灌是将水直接喷洒到植物上，并在一定条件下不产生径流，故不受地形坡度和土壤透水性等条件的限制。

到 2002 年止，先后在 22 个高校推广了绿地节水灌溉技术，绿地面积共 50 万 m^2，取得了很好的节水效益和经济效益。

4.2 天坛公园喷灌改造工程

天坛公园占地约 210 公顷，水源有自来水、自备井两种。园内绿地面积大，古树多。绿化用水是公园的主要用水，该园对节水工作比较重视，仅 1990 年公园节水近 8 万 t。

本项工程是在原有土垅沟线路上，夯实管道基础，铺设管径 600mm 水泥管，共计 1500m。

公园自备井主要用于果树生产，其输水方式基本采用土垅沟方式输水，渗漏严重，造成浪费。1989 年，公园在果树四班将部分水渠进行了改造，铺设水泥管道 360 余 m。通过一年来的使用，测得年节水 26% 左右，与过去相比，每年可节约自备井水 40000 余 t，节约效果十分明显。

1. 天坛公园树林喷灌设计书

(1) 基本情况：

1) 地理位置与地形：

天坛公园柏树林，位于天坛公园内。

2) 土壤条件和种植情况：

土壤为砂壤土，土层厚度在 2m 以上，1m 土层平均密度 $1.32t/m^3$，田间持水率占土体 21%，该柏树林中间绝大部分为小柏树，其株行距为 5m×5m，株高在 4m 左右。树冠直径 1.2m 左右，四周有 4~5 行老树，其株行距为 6m×6m，株高在 16m 左右。树冠直径 6m 左右。

3) 水源条件：

天坛公园内无地面水流，在柏树林的东北角，有一眼机井，其动水位为 25m，深井泵的流量为 $56m^3/h$，扬程 80m。

4) 灌溉要求：

该系统主要用于提高空气湿度，冲洗树林，兼作灌溉树林及草，对灌水均匀度、灌溉润湿比要求不高。

(2) 喷灌系统规划设计参数：

该区属于半干旱地区气候，三月开始气温回升，本设计所用的参数如下：

1) 设计日耗水强度 $E_a=2.5\text{mm/d}$。
2) 喷灌土壤润湿比不小于 80%。
3) 喷灌水利用系数为 0.95。
4) 根据国内喷头种类和水力性能，选用中国灌排技术开发公司，河南省水力机械厂摇臂式双嘴喷头，其型号为 ZY-2，喷头间距在 24m×24m 的情况下，其降水量 15.2mm/h，喷头工作压力 0.4MPa，流量为 8.77m³/h，射程 25.4m。

(3) 系统的规划布置：

为节约工程造价，尽量减少出水口，喷头出水点间距布置为 50m×50m，采用半固定半移动式的喷灌方式，如想得到较高的灌水均匀度，可把间距调节在 25m×25m 以内。因此在地中心设一条南北向干管，东西向每隔 50m 设一条支管，在支管上每隔 50m 设一个喷头出水点，幼树部分的主杆高为 2.5m，老树部分的主杆高为 10m。

(4) 喷灌制度的确定：

1) 一次灌溉用水量计算：

设计一次灌水量由下式决定：

$$I=(\beta'_{\max}-\beta'_0)(\gamma/\gamma_{水})ZP$$

式中 $\gamma,\gamma_{水}$——分别为土壤和水的密度，$\gamma=1.32\text{g/cm}^3$，$\gamma_{水}=1\text{g/cm}^3$；

Z——计划润湿土层深度，$Z=1.0\text{m}$；

P——土壤润湿比，$P=80\%$；

$\beta'_{\max}$——以干土重计的田间最大持水率，本灌区的土壤田间持水率占土体的 21%。

故：$\beta'_{\max}=0.21/1.32=15.9\%$；

β'_0——允许土壤含水率下限，$\beta'_0=0.7\beta'_{\max}$。

所以，$I=0.1\times(15.9-0.7\times15.9)\times1.32\times1\times80=50.37\text{mm}$

2) 灌水时间间隔计算：

灌水时间间隔又叫轮灌周期，已知 $E_a=2.5\text{mm/d}$

$$T=I/E_a=50.37/2.5=20.1\text{d} \quad 取\ T=20\text{d}$$

3) 一次灌水延续时间计算：

已知，一次灌水量 I 为 50.37mm，喷灌强度为 15.2mm/h；

一次灌水时间为 $t=50.37/15.2=3.31\text{h}$，取 $t=3.5\text{h}$。

(5) 喷灌系统工作制度的确定：

取每天灌水有效时间为 7h，每组每次接 6 个喷头，则每天有 12 个喷头工作，3 天可轮灌一次，间隔 20 天后灌水一次。

(6) 系统流量的推算：

1) 喷头出水口至喷头管段流量为 $8.77 \text{m}^3/\text{h}$。

2) 支管上的流量分三段，第一段为 $3 \times 8.77 = 26.31 \text{m}^3/\text{h}$；

第二段为 $2 \times 8.77 = 17.54 \text{m}^3/\text{h}$；

第三段为 $8.77 \text{m}^3/\text{h}$。

3) 干管流量为 $6 \times 8.77 = 52.62 \text{m}^3/\text{h}$。

(7) 管网水力学计算：

1) 管道水头损失计算作如下说明：

(A) 管道直径大于 65mm 的采用哈——威公式计算沿程水头损失，其公式如下：

$$\Delta H = 1.05 \times 10^5 L Q^{1.852} / D^{4.871}$$

管道直径小于 65mm 时采用勃拉修斯公式计算水头损失，其公式如下：

$$\Delta H = 8.4 \times 10^4 L Q^{1.75} / D^{4.75}$$

上两式中　ΔH——沿程水头损失，m；

Q——计算管段内的流量，m^3/h；

D——计算管段直径，mm；

L——计算管段长度，m。

(B) 局部水头损失：

为了简化计算局部水头损失取沿程水头损失 10% 管段总水头损失

$$\Delta H_\xi = \Delta H_{沿} \times 1.1$$

2) 干管总水头损失计算：

干管选用 125mm 管径，已知 $Q_干 = 52.62 \text{m}^3/\text{h}$，$L_干 = 370 \text{m}$，

$$\Delta H_{干总} = 370 \times 1.1 \times 1.05 \times 10^5 \times 52.62^{1.852} / 125^{4.871} = 4.02 \text{m}$$

3) 支管总水头损失计算：

支管因各段流量不等，分三段计算，管径选用 80mm。

第一段，长 25m，$Q_{支1} = 26.31 \text{m}^3/\text{h}$，

$$\Delta H_{支1} = 25 \times 1.1 \times 1.05 \times 10^5 \times 26.31^{1.852} / 80^{4.871}$$

第二段，长 50m，$Q_{支2} = 17.54 \text{m}^3/\text{h}$，

$$\Delta H_{支2} = 50 \times 1.1 \times 1.05 \times 10^5 \times 17.54^{1.852} / 80^{4.871}$$

第三段，长 50m，$Q_{支3} = 8.77 \text{m}^3/\text{h}$，

$$\Delta H_{支3} = 50 \times 1.1 \times 1.05 \times 10^5 \times 8.77^{1.852} / 80^{4.871}$$

$$\Delta H_{支总} = \Delta H_{支1} + \Delta H_{支2} + \Delta H_{支3} = 0.66 + 0.62 + 0.17 = 1.45 \text{m}$$

4) 喷头移动管水头损失计算：

横向移动管 25mm 长，直径取 50mm。$Q = 8.77 \text{m}^3/\text{h}$，

$$\Delta H_{\text{横}} = 25 \times 1.1 \times 8.4 \times 10^4 \times 8.77^{1.75}/50^{4.75}$$

10m 主管水头损失，主管支径取 25mm，$Q = 8.77\text{m}^3/\text{h}$，

$$\Delta H_{\text{主}} = 10 \times 1.1 \times 8.4 \times 10^4 \times 8.77^{1.75}/25^{4.75}$$

(8) 首部流量及工作压力推算：

1) 首部流量 $Q_{\text{首}} = 6 \times 8.77 = 52.62\text{m}^3/\text{s}$；

2) 首部工作压力 $H_{\text{首}}$：

$$\Delta H_{\text{首}} = \Delta H_{\text{喷}} + \Delta H_{\text{势}} + \Delta H_{\text{横}} + \Delta H_{\text{主}} + \Delta H_{\text{支总}} + \Delta H_{\text{支总}}$$
$$= 40 + 10 + 0.88 + 9.46 + 1.45 + 4.02 = 65.81\text{m}$$

(9) 水泵的流量、扬程确定：

1) $Q_{\text{泵}} > 52.62\text{m}^3/\text{h}$；

$H_{\text{泵}} > H_{\text{动水位}} + H_{\text{首}} = 25 + 65.81 = 90.81\text{m}$

2) 泵型的选择：

选择 10J80 型深井泵，其级数为 13 级，流量 80m³/h，扬程 104m，配套功率 40kW。

选择 200JQ60 型潜水电泵，它的级数为 12 级，流量 60m³/h，扬程 106m，电机功率 28kW，泵最大外径 180mm。

(10) 系统结构设计：

在首部需要设自动进排气阀、安全阀，为保证管道系统工作安全，在三通接头及转弯处设水泥镇墩固定。（注意防止水锤的安全措施）

(11) 喷灌工程的管理：

要想保证喷灌工程的正常运行，延长工程和设备的使用年限，关键是要正确的使用和良好的管理，喷灌工程的管理包括组织管理、用水管理、水源管理、设备运行管理、维修保养等。

1) 运行管理：

（A）在试车前对水泵作检查，严格按操作规程起动水泵。

（B）检查减压阀、进排气阀的灵敏度。

（C）管道运行管理：

初次运行：应对各级管道冲洗后再接喷头，以防污物堵塞。

日常运行：首先缓慢启闭管道上的阀门，且应在水泵开车前关闭总阀，并预先把喷头装好，起到排气作用。然后开动水泵，向灌水管道缓慢的冲水，充水流速不得大于 0.5m/s，充水时间不得小于 15 分，防止水锤；其次在管道停止运行时，建议阀门的关闭时间不小于 35 秒。

2) 灌溉用水管道：

按前面所计算出的一次灌水时间进行灌溉，也可按土壤的实际墒情灌溉，按有关部门要求自行规定。

3) 组织管理:

建立健全规章制度,加强对管理人员的培训。

(12) 施工要求:

1) 灌沟开挖在冻土层以下取 1m 深,宽度 0.6m,开挖要平直。

2) 各喷头出水口要砌 1m 直径的保护井。

3) 在管路的三通和转弯处,要浇注 300mm 厚,600mm 长的混凝土。

2. 工程造价

18.86 万元。

3. 效益

每年可节水 $26340m^3$,节水率 66.5%。

北京市园林局

4.3 日坛公园绿地喷灌工程

日坛公园的喷灌工程于 1999 年 2 月 1 日开工,2000 年 5 月 30 日竣工。

此次喷灌工程喷灌草坪覆盖面积为 9 万 m^2,埋设管线 14000 延长米,安装喷头 1470 个。此次喷灌主要是以自备井水代替自来水,并实现了半自动控制代替人工浇灌。

本次喷灌管网总长度为 14000m,其中:

主干线(ϕ160)长度 1450m,埋深 1m;

主干线(ϕ110)长度 1260m,埋深 1m;

支干线(ϕ90)长度 1770m,埋深 0.8m;

喷灌管线(ϕ63)长度 5170m,埋深 0.6m;

喷灌管线(ϕ32)长度 3870m,埋深 0.6m;

R-50 型地埋喷头(转向喷头),安装 297 个;

T-40 型地埋喷头(转向喷头),安装 293 个;

1860 型地埋喷头,安装 648 个;

US4000 型地埋喷头,安装 232 个。

主泵房设在园西南角自备井处,内设变频柜、潜水电泵等。全园控制系统分为 25 个轮灌区。

全部地下管网采用 UPVC 管(无毒卫生级聚氯管,管道工作压力为 1.0MPa,其爆破压力均大于 4.5MPa)。

1. 喷灌特点

根据公园的特点,此工程选用了以下几种喷灌方式:

(1) 对于山上树木较密的地方采用微喷的灌水方式,喷头选用美国雨鸟公司

生产的 1806、US4000 型地埋自动升降式喷头,它有以下特点:

1) 升降高度为 15 公分,加上套管埋于地下,不易发生人为损坏;

2) 喷洒方式为圆形、半角形、角形、方形、长方形、射线形等,可适用于多种形状草坪;

3) 喷洒为非间隙性的连续喷洒,加上喷洒的高雾化度,在公园内可形成亮丽的景观,在阳光照射下局部还能呈现彩虹。

(2) 在大面积草坪及树木相对稀疏的地方采用 R-50、T-40 型喷头,其特点:射程 15m 较适中,且可在 15m 范围内调节转角,也可在 0~360 范围内调节。

(3) 此喷灌工程主材 90% 为国产,10% 为进口。

2. 经济效益分析

我们将系统的经济效益进行了下列预测对照分析(暂为测估数字,准确数字尚待使用一年后算出):

(1) 公园绿地此次作喷灌绿地面积 90000m²,改造前全部采用自来水灌溉,年耗自来水 133000m³,并且灌溉深度过大。

采用喷灌,用科学灌水方法使土壤在有利草坪生长的最优含水量的范围内变化,设计一次灌水定额为 $m=100rh(p_1-p_2)1/\eta$,按草坪计算,计划湿润度 0.12m,经计算,一次灌水定额 $m=10.4$mm。经计算,年需灌水总量(按一年灌水 10 个月,灌水 60 次),9 万 m² 草坪需灌水 62400m³。

(2) 按以上数字分析,较前等于节水 53.2%,合 70600m³。如还使用自来水,节约费用为:

$$70600 \times 1.8 = 127080 \text{ 元}$$

(3) 若改为井水每吨费用为 1.25 元,

年费用只为 62400×1.25× =78000 元,

比原用自来水 133000×1.8=239400 元节省 161400 元。

(4) 原公园年灌水 60 次,每次用 42 个工日,年用工 2520 工日。

安装喷灌后,计划年灌水 60 次,每次用工 3 个工时,年用工 180 个工日;此项公园节约用工为 2520-180=2340 工日;

年节约人工费开支(每工按 30 元计):2340×30=70200 元。

(5) 安装喷灌后,省去过去拉胶皮管灌水时的胶管磨损,换修闸阀,耗用钢丝等费用 3 万元。

(6) 安装喷灌后,每年公园可节约的费用项目为:

1) 水费:239400 元(喷灌改造前,使用浇灌自来水费用)-78000 元(喷灌改造后,预计使用井水费用)=161400 元;

2) 人工费:70200 元;

3) 其他费用:30000 元;

4) 合计总节约费用:261600 元。

3. 环境效益、社会效益

安装喷灌后,不单纯节约了费用,而且改变了公园的环境和景观,公园内的草坪、植物在科学管理灌水情况下,园内环境更加优美,空气更加清新,景色更加宜人,而新产生的社会效益无法用金钱来计算。

4. 结论

北京市日坛公园绿地节水喷灌工程项目列入 1999 年度北京市节水技改计划,2000 年 6 月 5 日由市城市节水办组织验收。

该项目使用地埋升降式进口喷头,喷射均匀,能够定时、定量喷水,科学地保证植物的生长要求,不仅可节约大量水而且可改变公园的环境和景观。此工程于 1999 年 2 月开工,2000 年 5 月竣工,工程喷灌草坪覆盖面积 9 万 m^2,安装喷头 1470 个,实现年节水量 7 万 m^3,基本达到设计要求。

日坛公园

4.4 中国农科院花卉所无土、立体、喷雾栽培工程

农科院花卉所主要是农业生产试验及生活用水,总灌溉面积约 400 亩。生活用水为 $350m^3/日$。冬季用水于温室生产及锅炉加温供暖用水。采暖设备中三台 6t 炉改为 10t 炉。

1. 节水技改内容

本项采用立体、无土、喷灌栽培,可节省土地,节约用水,为市场提供优质绿色食品。经研究试验,采用香椿树种子,进行种芽生产,生产周期为 15 天。可满足市场需求,受到消费者欢迎。本项目是开展"芽菜生产"的最佳方案,设计简便,利于推广。是新型的节水生产方式。

无土栽培滴灌年用水量为 332t/亩,比传统的开沟灌溉节水 52.5%。本项目在此基础上采用无土、立体、喷灌栽培。按每亩放置 2000 个苗盘,每个苗盘 15 天生产周期用水 4kg 计,每亩用水 8t,全年 15 个生产周期,共用水 120t,节水率为 85%。

2. 效益分析

北京市近郊蔬菜生产已经呈现萎缩状态,因此提出了无土、立体、喷雾栽培技术研究课题。在生产中,利用苗盘和喷雾设施达到节水目的。

1994 年 5 月以后,着重进行了喷雾设施的设计安装和调试工作。此项工作是节水的关键。在选用喷嘴型号上,先后试用了顶喷型、侧喷型、扇面喷型等喷头。经测试,采用扇面型喷嘴,每两排钢架间安装一条喷雾管。按设计要求,$1.5kg \cdot cm^2$ 压力时,每个喷嘴喷雾量为 40L/h,喷嘴孔径为 0.8mm,雾化度为 0.0008/15＝

0.000053，每分钟每管喷水量为 26.7L，每个喷头为 0.67L，每个喷头可覆盖 5 个苗盘，每个苗盘可受雾化水量为 0.135L。

根据以上设计计算要求计算水量，1000m² (使用面积) 放置 3000 个苗盘，666mm 可放 2000 个苗盘，每个苗盘芽菜平均生产周期为 15 天，全年生产茬次为 15 茬，每日平均喷水以 2 分钟计，则为：$0.135 \times 2 \times 15 \times 2000 \times 15 = 120000$L。传统的蔬菜生产灌溉方式为地面漫灌，年平均用水量为 800t/亩，采用一般无土栽培，灌溉年用水量为 332t/亩，节水率为 58.5%。本项目在滴灌基础上采用无土、立体、喷雾栽培，每亩使用面积年用水量为 120t，比传统生产用水少 680t，节水率为 85%。

本项目以节水为主导，同时促进科研成果的转化，已被农业部绿色食品发展中心选为全国性推广项目。

总投资：

3.8 万元。

中国农科院花卉所

5 雨水利用工程

雨水对调节和补充城市水资源量、改造生态环境起着极为关键的作用。随着城市建设的飞速发展。大量建筑物和道路使城市不透水面积快速增长,在相等降雨量条件下,城区雨水产生的地面径流量将大大增加。如果按传统观念只考虑将雨水径流快速排出,所需雨水排水管道、雨水泵站等设施的容量、输送能力将随之增大。实际上,雨水作为自然界水循环的阶段性产物,其水质优良,是城市中十分宝贵的水资源,因为一个地区的年降水量相当于这个地区年水气输入量的1/3左右,而这部分降水量的40%～50%转化为河川径流量,要保住这部分水资源,增加本地区的水资源储量,可以采用尽可能延缓地表径流流出本地区的时间,通过合理的规划和设计,采取相应的工程措施,可将城区雨水加以充分利用,例如多建水库、池塘、储水池等措施。北京第十五中学、青年湖公园等单位先后建立了雨水利用工程,取得了良好的效果。

5.1 北京市第十五中学雨水利用回收工程

北京市第十五中学是北京市级重点中学,是北京市首批验收合格的示范高中校之一,全校占地近四万 m^2,在校师生近1700人,全校共有300多供水点,日用水几千吨,是宣武区的用水大户,因此节约用水一直是学校十分关注的日常工作。

在2000年示范性高校验收过程中,学校要改建操场。这时提出了一个设想,在改建操场过程中,建一座可以收集雨水的水循环再利用系统。经充分的考察、勘测、讨论,认为此方案可行,决定实施。2001年5月,由北京建工学院设计的雨水回收利用系统工程正式施工。

十五中的雨水回收利用系统,主要是将学校操场近两万 m^2 的降雨水量,通过排雨水系统回收到地下蓄水池中,两个蓄水池共储存雨水 $400m^3$,用于冲洗操场、浇灌校园绿地,并提供操场厕所的冲便用水。

新建操场地面铺敷的是塑胶,需经常冲洗,经测算每次冲洗耗水近 $80m^3$,这些水取自地下雨水蓄水池,用后又流回到蓄水池,经过滤后循环使用,仅此一项每年即可节水约 $3000m^3$。

十五中重视绿化、美化校园,是北京市"校园环境示范校"、北京市"绿化先进单位",校园内绿化面积达 $5000m^2$,每年浇灌用水不少于 $2000m^3$,雨水回收系统建成后，可充分利用积蓄的雨水浇灌，大大减少自来水的使用。

另外，学校操场两个厕所为定时冲洗，须定期冲洗一次，使用地下蓄水池中的雨水后，每年可节水 1000 多 m^3。

因此，此系统投入使用后，每年共可节水六、七千 m^3，每立方米按 3 元计算。则每年可节约水费 2 万余元。该工程为北京市城区校园的第一座雨水回收利用系统，可以起到示范工程的作用。

该雨水利用系统包括雨水的收集、截污、贮存、溢流控制、净化、输送、操场的冲洗、绿化及厕所的冲洗等。

1. 雨水的收集

雨水的收集以整个操场为汇水面，由跑道四周的暗渠汇集，利用坡度自动汇入 1 号贮存池。应尽可能加强操场清洁管理，避免垃圾、杂物等带入暗沟，造成堵塞和影响水质。

2. 雨水的溢流控制

系统设置了两个溢流口，第一个设置在 1 号贮存池池端进水渠处，由闸门控制，通过直径为 300mm 的管溢流排入校园内污水管系。设该溢流口的目的是排除初期较脏的雨水，同时作贮存池清洗排空的出口。雨季的前一、两场小雨，由于雨量小，水质差，应开启闸门，予以排除，不做收集利用。雨季中，在雨量充足和条件允许的情况下（考虑降雨的随机性），也可将降雨初期少量水质较差的雨水排放后再关闭。该溢流口控制的关键是要及时、准确地开启和关闭闸门，即排除少量水质较差的初期雨水，又保证尽可能多地收集利用。

第二个溢流口设于暗渠的上游，由高程自动溢流，不需人工控制，即当 1 号贮存池和暗沟内的可利用贮存空间储满水后，雨水就自动由该溢流口排入市政雨水管系。

3. 截污装置

1 号贮存池入口处设置的活动式截污格网应及时予以清洗或破损后更换，以保证截污效果和水流的通畅。

4. 雨水的提升与布水

雨后根据 1 号贮存池内的水量，及时开启泵，通过配水管和喷头向 2 号净化池配水净化。可通过配水管上的闸门和可调喷头来控制配水范围和布水效果。例如，贮存水量较少时，可只开启局部配水管和喷头，利用部分净化区面积，这样可减少净化池内土壤中吸收损失的雨水量。或为了提高净化效果，可小流量长时间地布水净化，使雨水在净化池内有较长的接触时间。雨量丰富时，也可在降雨过程中，启动布水，使 1 号贮存池多收集雨水。

5. 水量的平衡与调配

该系统的水量平衡由 1 号贮存池（加暗渠可用空间），2 号净化池（也可吸收贮存部分雨水),3号净化池,操场冲洗用水,厕所冲洗用水和绿化用水等构成。主要根据降雨量、收集量的多少来合理调配,原则是尽可能多地收集利用雨水,减少自来水的消耗。如在非雨季,该系统也可对操场冲洗水进行循环利用。雨季应尽可能及时提供贮存空间,丰水期,富余的水可以提供市政杂用水。

6. 水质控制

水质主要由初期雨水的排除、截污装置、布水控制和净化池的功能等环节来控制。其中净化池是关键,包括池顶的植被种类、长势、池内土壤的结构及布水的均匀性等。运行中应不定期地对净化池中的水质进行分析,根据水质进行调控,使其达到"杂用水水质标准"。例如,必要时,可在净化池入口处挂置消毒剂,对净化池的出水进行消毒处理。

在必要的位置,如厕所龙头、冲洗和绿化用龙头、配水喷头处设置专门标识("注意:回用水、非自来水"),以保证安全用水。

7. 维护

认真的维护对整个系统稳定的可持续运行非常重要,要求对操场汇水面、集水渠道、截污装置、泵及配电设备、布水管系及喷头、贮存池、净化区植被等进行及时的维修、清理和保养,保证整个系统的畅通和正常运行。

北京市第十五中学

5.2 青年湖公园雨水利用与湖水循环节水改造系统工程

青年湖公园位于北京市东城区安定门外大街路西,北中轴路东。

青年湖公园总占地面积 24.58 公顷,其中:地面面积 10.87 公顷,湖面面积 6.11公顷,绿地面积 7.6 公顷。这里原为一片积水坑洼,后因东城区政府、团委发动全区团员青年义务劳动,拓挖成湖而得名。

该公园湖水为死水,水源以公园内北岸的径流雨水为主,每年夏季有时会有雨水从闸门排走,由于近年增加了游泳池(容积 6500m^3),水量消耗增加(游泳池蒸发损失量为 450m^3/天,公园内全年平均自来水用量 5~7 万 m^3)。

1. 工程概况

2002 年在市、区节水办和北京建筑工程学院的大力支持下,在公园内建设了雨水回收利用系统,该系统一方面有效利用了公园内径流雨水,补充了湖水,减少了自来水用量;另一方面,利用自然净化系统使湖水在湖体—景观瀑布—生态塘—水道—湖体之间形成自循环,净化水质,同时提高景观水平。

该工程主要包括下列内容:

(1) 南岸雨水截流;

(2) 加高部分堤岸和出流闸板改造;

(3) 湖水净化循环系统；
(4) 北岸雨水口截污；
(5) 北岸厕所污水导流。

2. 主要技术措施

(1) 南岸雨水截流：

将南岸雨水口封堵，封堵时采用可调节流量的金属板加盖在雨水口上，根据降雨情况，如降雨间隔、降雨时间等不同作适当调整，可进行弃流，从而起到源头上的控制作用。

利用自然地势修筑两道截污集水管（沟），将雨水引入湖中。最初设计时采用两道暗渠、三道绿地浅沟来弃流、导流雨水，但在实施过程中由于公园的特殊性，同时为了减少开挖量和少损绿地，进行了设计变更，调整为一条暗管，一条明沟。暗管入流处加截污挂篮，明渠入湖处加截污设施，保证总体效果不变，即保证入湖的雨水水量和水质均达到要求。

(2) 堤岸加高和闸板改造：

为有效储蓄雨水，将南岸雨水引入湖中后，需将南侧堤岸和闸板加高，原有闸板顶高程 42.56m。加高 0.2m，设计闸板顶高程（即设计最高水位高程）为 42.76m。

根据湖体的整体风格要求，堤岸面层使用大方砖铺筑，并对闸板进行了改造。

堤岸加高和闸板改造后，湖体可增加蓄水量 $12220m^3$。青年湖平均径流系数 0.65，照此计算，可消纳单次降雨 76mm 降雨量。

(3) 湖水循环净化：

为保证湖中水质，修建循环系统，从下游湖水中通过两台潜污泵将湖水抽至西北角水道上游假山水池中，沿芦苇、荷花塘和水道流回湖体，水道周边种植芦苇、荷花等水生植物，自然净化。同时恢复和建设了后湖荷花池叠水景区。

实施循环净化，共铺设管线 500m，修建带潜水泵和过滤功能的大方井两座。单台水泵设计抽水能力 $50m^3/h$，功率 7.5kW。故两台水泵同时工作水体循环能力为 $100m^3/h$，按平均水深 2m 计算，整个湖体的水力停留时间为 50 天。

(4) 截污装置：

为减少径流雨水带入湖中污染物，在北区已接入湖中的雨水口加设截污挂篮，共计 40 个。

截污挂篮下部铺设 $300g/m^2$ 土工布，侧边下部 25cm 高亦为土工布，上部为 2mm 间距方孔格网，这样，既能有效地将污染物截流，避免污染物带入水体，又能保证排洪能力。

(5) 北岸厕所污水导流：

北岸原有厕所多年来一直向湖中排污，大量的氮、磷等营养物进入湖体，严重威胁湖体质量,是水体富营养化的潜在根源之一。本次将厕所污水管线改造,切断了流入湖体的污水管,将其引入北门附近的市政污水管系。铺设污水管线150m,沿途兴建污水井5座。

青年湖雨水利用工程工艺流程如图2-5-1所示。

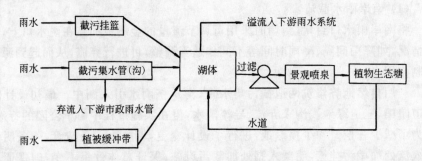

图 2-5-1　青年湖雨水利用工程工艺流程图

3. 效益分析

(1) 节约用水带来的边际费用:

该工程完成后,青年湖蓄水能力增加 12220m^3,按循环使用两次计算,则每年可利用雨水 36660m^3,即相当于节约自来水 36660m^3。按北京地区现行水价 2.5/m^3 元计,则每年可约水费 9.2 万元。

该工程共计投入 25 万元,仅节约水费一项,3 年即可将投资全部收回。若考虑远距离引水(如南水北调)及用水超标加价收费和罚款,则此项节省费用还会更高。

(2) 节水可增加的国家财政收入:

这一部分收入可按目前国家由于缺水造成的国家财政收入的损失来考虑。据了解,目前全国 600 多个城市日平均缺水 1000 万 m^3,造成国家财政收入年减少 200 亿元,相当于每缺水 1m^3,要损失 5.48 元,即节约 1m^3 水意味着创造了 5.48 元的收益。该项目每年节水 36660m^3,可产生收益 20.1 万元。

(3) 消除污染而减少的社会损失:

据分析,为消除污染每投入 1 元可减少的环境资源损失是 3 元,即投入产出比为 1:3。由于在本项目中采用了源头治理的方案如截污和弃流,以及自然净化和循环的处理措施,大大减少了污染雨水排入水体,也减少了因雨水的污染而带来的水体环境的污染。以北京市 2001 年排污费 0.5 元/m^3 作为每年因消除污染而投入的费用,则每年因消除污染而减少的社会损失为 3×0.5×36660=5.5 万元。

(4) 节省城市排水设施的建设和运行费用:

雨水利用工程实施后,每年减少向市政管网排放雨水 12220m^3。这样会减轻市政管网的压力,也减少市政管网的建设维护费用。每 1m^3 水的管网费用为 0.08

元,所以每年可节省城市排水设施的建设运行费 12220×0.08=0.1 万元。

以上四项合计每年可收益 9.2+20.1+5.5+0.1=34.9 万元。

4. 需进一步改进的几个问题

(1) 循环流量还可加大,可结合整个公园的景观设计一起考虑,尤其是公园湖体的一些死角处应设循环和曝气设施。

(2) 游泳池和水道附近生活区每年向湖水中溢流入大量污水,仍是水质恶化的潜在威胁,应尽快考虑处理措施。

(3) 水道两岸裸露山体和地面,会产生大量面源污染,应尽快考虑山体美化和环境改善;减少裸露地面,以减少雨水冲刷;在水道北侧高地坡角处设置砾石截污沟,上面进行透水铺装。

(4) 对水道堤岸进行加固、改造和边坡整治,增加水生植物的品种和水量,增加植物根系生态群落对水体的净化能力。

尽管工程尚有不足之处,青年湖雨水回收项目的实施为解决无水源湖泊补水起到了示范作用,也为开展雨水回收积累了一定的经验。

青年湖公园

6 其他类型节水技改工程

6.1 高井发电厂干除灰系统改造工程

高井发电厂位于北京市西郊石景山区,现有职工1876名,属于大型企业,初建于1959年,共安装6台100MW机组,从1961~1974年陆续建成投产发电,总装机容量为600MW。主要供首都用电。现有8台燃煤锅炉,6台汽轮发电机,目前发电量为30亿kWh时左右。

高井发电厂的生产水源全部取自永定河引水渠,上游是官厅水库。主要耗用水部位有:工业冷却用水,锅炉除灰、除渣用水,冷却塔蒸发及其风吹损失,锅炉补水用水等。

近五年高井发电厂生产用水情况见表2-6-1。

用 水 情 况 表   表2-6-1

项目 年份	年计划量 (万 m³)	年实用量 (万 m³)	发电量 (MkWh)	产值 (万元)	单耗 (m³/万元)
1998年	4733	4250.0	3235599	23158.8	1835.2
1999年	4733	3784.3	2954094	20942.5	1807.0
2000年	2210	2140.5	3104832	22087.4	969.1
2001年	1837	1888.2	3116727	22151.2	852.4
2002年	2208	1526.6 (1~10月)	2821355 (1~10月)	20111.6 (1~10月)	759.1 (1~10月)

通过表2-6-1可以看出,1998年以后该厂生产用水量逐年下降,尤其是2000年以后,用水量大幅度降低,主要原因是该厂近几年实施了几项节水技术改造,如:实施和完善了工业冷却水回收系统,在取水口加装计量仪表,干除灰系统改造,干除渣系统改造,这几项节水技术改造都有明显的节水效果,现重点介绍干除灰系统改造工程。

1. 干除灰系统改造工程

高井发电厂是燃煤电厂,煤粉燃烧过后会产生大量的灰和渣,灰渣的处理对燃煤电厂来说是必须解决的问题,本文只介绍除灰问题。该厂自建厂开始除灰系统采用的是水膜除尘和多管除尘两级除尘系统,除尘效率不高,既污染了空气,而且耗水量很大,外排的灰泥造成河道堵塞,其工艺流程如图2-6-1所示:

锅炉灰出口──→水膜除尘──→多管除尘──→外排河道

图2-6-1　改造前除尘工艺流程图

该厂从1996年开始,着手改造除尘系统,将8台锅炉的除尘器全部更换为电除尘器,大大提高了除尘效率,减少了灰尘对空气的污染。但干灰全部水冲排走,冲灰用水量仍很大,该厂又从1998年开始对5号～8号锅炉的电除尘器加装干除灰输送设备,建成混凝土灰库及其配套的干灰输送、处理设备,于1999年2月竣工运行,至今设备运行良好。流程如图2-6-2所示:

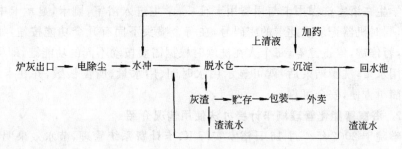

图2-6-2　改造后除尘工艺流程图

由于5号～8号炉灰系统改造的成功经验,该厂于2000年6月底至2001年1月底,又对1号～4号炉的干灰系统进行了改造,目前设备运行情况良好,达到了设计要求。

2. 投资及效益分析

该厂1号～8号炉干灰系统改造工程,共投资3715万元,每年可节水900万t左右,年节约水费近900万元(按0.99元/t河水计算,现已上调到1.29元/t),仅就节约水费计算,4年左右即可收回全部投资。

1号～8号炉干灰系统的改造工程,结束了干灰湿排的历史,不仅减少了环境污染,而且大大节约了用水量,同时还将长期作为废物排到河水中的炉灰加以利用,作为加气混凝土三厂的生产原料,使企业增加了效益。

从还北京市西部一片蓝天,到还北京市一条清凌凌的永定河,再到为北京市节约大量河水来看,这项干除灰系统使高井发电厂亲身感受到了为北京环保和节水做出的贡献,同时也体会到了节水技改的经济效益和社会效益。

北京大唐发电有限公司高井发电厂

6.2 北京服装学院浴室智能化管理刷卡计费改造工程

北京服装学院现有在校学生5000余人,学院浴室存在三个问题,问题一是浪费水的现象严重,学生洗澡至少要半小时以上,用水量高达220~270L/人;问题二是浴室洗澡压力大,浴室共有喷头58个,日接待量为700人左右,拥挤现象严重;问题三是澡票回收率低。由于以上原因,学院在能源费的支出上补贴多,每年能源费支出大约27万元,而澡票的回收仅9万余元,学院需补贴至少15万元,随着学生人数的增加,如果不改变这种状态,学院的补贴将更多。

1. 浴室智能化管理刷卡与计费的技术简介

学生在浴室洗澡用卡与用餐用卡统一,学生进入浴室、刷卡,显示卡中的钱数余额,同时机器记录了此卡的密码号,在每个喷头下面有几个功能按钮,如开始用水键,暂停键,停止键等,每个人在洗澡时根据需要按动不同的功能键,即可随时记录所用水量,洗澡结束后,就可显示用水时间、用水量、所需钱数,并在卡中扣除。管理简单方便,安全可靠。

2. 浴室智能化管理刷卡计费办法使用情况介绍

学院于2002年4月16日浴室实行IC卡计费系统管理,节水效果明显,在安装卡以前,每天450余人洗澡,实际用水量平均75~80t,安装IC卡以后,夏季40t/天,冬季洗澡人数增加,每天洗澡人数平均在550余人,实际用水量在55m^3左右,节水率40%以上。天然气用量,安装卡以前每天浴室用气320m^3左右,安装卡以后,用气160m^3/d。

安装了IC卡以后,缓解了洗澡拥挤的现象,原来许多人洗一次澡,至少半小时以上,现在一般只要几分钟,最多10几分钟。男生洗一次澡夏天在0.70元左右,冬天在1.30元左右,女生洗一次澡夏天1元左右,冬天1.6元左右,夏天男生洗澡最少的才0.30元,女生最少的0.45元(收费标准为0.15元/分钟),此方法受到学生的欢迎。

3. 项目投资及经济效益分析

该项目设备及施工费用总计12万元。

该院2002年4月16日用IC卡计费后,同2001年同期比较,平均每月用水比2001年少用540t左右,每月节约水费2100多元(水费3.9元/t)每天节约天然气150m^3,一个月按24天计算,每月节约天然气费用6500元。

用电方面略有增加,每天多用100度电,每月多用2400度电,比原来多支出电费1440元左右。

以上三项综合,实际每月节约经费7300余元。

实行IC卡计费后,堵塞了收费漏洞,2001年澡票款回收9万余元。2002年4

月16日到12月26日(8个月10天),已回收澡票款17.8万元。同期支出能源费13万余元,基本做到自给自足,且略有节余,不再需要学院补贴。

服装学院浴室智能化管理刷卡计费改造工程的节水及节能的经济效益十分明显,改造的费用又不大,所以很值得在各高校推广应用,使这项技术在节约生活用水方面发挥更大作用。

北京服装学院

6.3 北京俸伯鸡场鸡舍饮水系统改造工程

1. 改造原因

北京俸伯鸡场原鸡舍的饮水系统为水槽长流水工艺。这种工艺存在的主要弊端是:由于水长流,造成水资源的严重浪费,容易造成细菌传播和交叉感染,影响鸡群的健康,产生的污水多,粪便无法及时清理,舍内产生的氨气多,场内外环境严重污染。为解决这些问题,北京俸伯鸡场于1990年从美国引进全套乳头饮水器设备,并于1991年在两栋蛋鸡舍内安装使用。由于试验取得了明显效果,从1992~1994年对全场所有蛋鸡舍的饮水系统进行了更新改造。所使用的乳头饮水器基本是国内产品。

2. 工艺流程

乳头饮水器饮水系统工艺流程如图2-6-3所示。

自备井水→过滤器→调压器→饮水管线、乳头饮水器→终端总成

图2-6-3 饮水系统工艺流程图

其中:过滤器是供应清洁饮水的保证;调压器降低供水压力,以鸡只能适应的恒定压力向饮水管线供水,而不受水网压力波动的影响,小范围调节饮水管线的压力以改变供水量的大小。

乳头饮水器是本系统最关键部位,它起着向鸡只供应饮水、贮存并密封饮水的作用,需特别保护。

终端总成的功能是封闭饮水管线的末端,排放清洗系统时的冲刷水,观察饮水管线供水的畅通情况。

3. 效益分析

改造后的乳头饮水系统比原水槽长流水饮水系统节水80%以上,全场的年用水量由改造前的35.6万m^3降为改造后的10.5万m^3,年节水25万m^3。以0.50元/m^3计,年节约水费12.5万元。饮水设备工程总投资117万元,每万元节水2145m^3,4.68元/m^3。全年节电12.5万kWh,节省电费43925元。

由于乳头饮水器的安装,饮用水储存在密闭的管道内,减少了细菌的传播和交

叉感染。以安装了乳头饮水器的蛋鸡七栋为例：经市畜牧兽医站抽查化验结果见表 2-6-2。

水质化验结果表　　　　　　　　　　表 2-6-2

指标 时间	大肠杆菌（个/mL）	去除率%
1990 年改造前水槽水	2300～23800	
1993 年安装饮水乳头	3～9	99.9

由于细菌的减少，鸡的死亡率明显降低。1993 年安装了乳头饮水器后比上一年减少只鸡死亡 0.63%。1991～1993 年与改造前 1988～1990 年比较，少死鸡 8.6 万余只，多产蛋 177 万 kg，这种效果虽有其他因素，但乳头饮水器的应用起了很重要的作用。只鸡年产蛋由 14.24kg 提高到 15.56kg，每只鸡一年多产蛋 1.32kg。该场蛋鸡 19 栋，养鸡 40 余万只。以 5 元/kg 计，年增加收入 264 万余元，合计年经济效益 280.9 万元。不到半年时间就可收回总投资。

粪便比较干燥，舍内氨气明显减少，改善了场内外环境。

省去每天刷水槽的工作环节，减轻了工人的劳动强度。

实践证明：乳头饮水系统在养鸡生产中的应用与推广，将会取得明显的节水效果。

值得提出的是：今后要逐步提高国产乳头饮水器的质量，防止或减少乳头漏水现象，加强管理，总结经验，以取得更大成绩。

北京俸伯鸡场

6.4　供水行业节水的重要途径

北京市自来水集团公司是担负首都城市供水重要使命的大型国有企业。新中国成立 50 多年来，自来水集团公司先后扩建和新建了一～九厂及田村山水厂，并在门头沟、长辛店、南口、通州、延庆等地区建立或收购了独立的水厂和供水系统。到 2002 年底，日供水总能力已达 312.25 万 m^3，年售水量 6.08 亿 m^3。保证了城市发展的需要，满足了人民生活水平提高对水的需求。然而，由于经济的快速发展，城市人口的增加，用水量不断上升，缺水的形势仍是相当严峻。为此，供水行业坚持开源节流并重的方针，努力挖掘节水潜力，为不断提高北京市的供水作出新贡献。

1. 反冲水的回收利用

据资料表明，现代水厂的自用水量一般占生产水量的 7%～10%，其中 70% 用于冲洗滤池。如果水厂日产水量 50 万 m^3，每天的冲洗水就达 3 万 m^3。一般来讲这部分水就直接排放了。为了解决这一问题，有的单位已组织有关技术人员对滤站的节水优化运行进行研究，并对不同的冲洗方式进行技术经济分析。

北京市自来水集团公司长辛店水厂和城子水厂对滤池反冲水采取回收利用的措施，达到节水、增加供水的目的。具体阐述如下：

(1) 长辛店水厂：

该厂用北京燕化公司常规处理后的自来水作水源，经活性炭池过滤后进入自来水管网，供长辛店地区使用。原活性炭池反冲水全部排放，使原本紧缺的水资源白白浪费。1995年该厂决定对反冲水回收利用，有关技术人员认真研究论证回收方案，并进行反复试验。最后选用了 ZY 型压力过滤罐（$30m^3/h$）。反冲水经过滤后再进入活性炭池重新利用。工艺技术路线如图 2-6-4 所示。

活性炭池反冲水→四个回流沉淀池→压力过滤罐→活性炭池

图 2-6-4　工艺流程图

试验结果表明：经过滤罐过滤后的水质明显改善。反冲水在回流沉淀池沉淀一天后，在 $50m^3/h$ 流量控制下，水浊度从滤前 3 度降为滤后 1 度以下。为了节省投资和节约能源，长辛店水厂利用稳压塔水位进行过滤罐的反冲洗，节省了反冲泵、水池以及管线的投资费用，该项工程仅投资 21.7 万元，却取得明显的节水效果，年节水 16.5 万 m^3，并为缺水的长辛店地区增加了部分水资源。

(2) 城子水厂：

继长辛店水厂反冲水成功回收之后，城子水厂也制定了反冲水回收方案，现已竣工使用。该厂有砂滤池 14 个，活性炭滤池 6 个。砂滤池一次反冲洗水量 $1058m^3$（强度 $14L/m^2·s$，历时 5 分钟，周期为 24h），炭滤池一次反冲洗水量 $635m^3$（强度 $11L/m^2·s$，历时 5 分钟，周期为 7 天）。全年总反冲洗水量大于 42 万 m^3。按全年回收反冲洗水量 40 万 m^3 计，一年可回收 21 万元，工程总造价 52 万元，两年多可回收投入资金。每天增加供水能力 $1100m^3$，对城子地区供水和节水均有很好的现实意义。

长辛店水厂、城子水厂为反冲水的回收利用积累了经验。下面我们就反冲水的回收算一笔账，建设部资料表明，到 1995 年底，全社会城市日供水能力达到 1.88 亿 m^3。假定以自来水占 50% 计，自来水日供水能力为 0.94 亿 m^3，那么日反冲水回收可达 460 万 m^3，年节水可达 167900 万 m^3。北京自来水集团公司日供水能力已达 312.25 万 m^3，其中以地表水为水源的供水能力为 203.6 万 $m^3/日$，若反冲水全部回收，年节水量可达 3600 万 m^3。应当说，降低城市供水水厂自用水量是重要的工艺改革，不仅提高企业的经济效益，也相应减少建设投资，增加供水能力，节约大量水资源，社会、环境、经济效益明显。

2. 降低供水损失量

自来水公司南口水厂是北京市自来水公司独立供水的郊区水厂,日供水能力1.25万 m^3。其水源来自7口水井和少部分山水。过去由于山水量的补充调节,损失率比较低。1988年以来,由于山水减少,失去调节能力,造成损失率问题日趋明显,损失率逐年提高。

损失率:(供水量－售水量)/供水量×100%

国家要求二级企业的损失率不超过8%。南口水厂的损失率远远超过国家规定。分析南口水厂供水损失量高的主要原因是:第一,管线渗漏;第二,有些用水单位用"黑水"。这两者引起的后果不仅仅是供水损失率的提高,而且造成水资源的严重浪费。管线渗漏,数以万吨的新鲜水白白流走。用"黑水"比用水包费是更严重的水源浪费,为了节约水资源,从根本上解决南口水厂供水损失率高的问题,经研究采取一系列有效措施,第一,对南口镇用水情况进行普查,包括水源井的计量、山水的计量,用户用水量(自备井用水量),工业用户数量,民用用户数量以及历年山水量,用户增吨水量、漏失量的变化及水厂管理情况等。第二,在南口枝状管网上采用分区排除法进行水量监测和水平衡。具体做法是:在4处枝状管网上安装水表,分区停水进行水平衡测试,找出重点漏失区域,逐步缩小测试范围,找出漏点及问题的关键(区域总表与用户水表水量差额大的枝线)。第三,采用先进的雷达技术对南口镇地下管网普查探测,测绘地下管线平面图,建立南口地下管网数据库及计算机动态管理系统。第四,在总干管上安装电磁流量计传至控制室,以平衡来水联络管之间的流量。

该工程的实施,将使南口水厂供水损失率降到10%以下,全年减少损失水量45万 m^3。

北京市自来水集团公司

6.5 首都旅游集团洗衣业节水改造工程

洗衣房作为一种保证和服务成为宾馆饭店的一个重要组成部分,为饭店的运营、旅游业的发展起着重要作用。但它的生存是靠消耗大量的水来维持的,这就产生了一系列的负面效应,过量的水消耗就带来了过量的能量消耗,大量的水消耗和能量消耗使运营成本增大,同时也产生大量的污染物排向大气和地沟,造成了严重的大气污染和水源污染。

1. 改造原因

首都旅游集团是首都旅游业的一根大台柱,下属30家饭店,五星级饭店有8家,占北京五星级饭店总数的35%,洗衣房有29家。1998年集团对部分饭店的洗衣房运行情况进行了调查分析(见表2-6-3)。调查结果显示:

表 2-6-3

北京旅游集团子公司洗衣厂情况汇总表

序号	单位名称	年营业额（万元）	年员工工资（万元）	年客衣洗漆收入（万元）	年洗漆针织品数量（件）	年洗漆用品费用（万元）	年实用电量（度）	年实用电费（万元）	年实用水量（t）	年实用水费（万元）	年用蒸汽量（m³）	年蒸汽费用（万元）	效益（万元）
1	前门饭店	105.7926	74.3297	29.5799	1,120,869	24.5756	74,095	7.4095	25,550	6.132	73,000	197.856	−205.20
2	建国饭店	743	105.7406	593	944,104	48.88	118,445	8.0543	29,897	3.8865	95,457	28.6371	547.80
3	民族饭店	156.8	85.1	73.8	215,566	33.31	97,255	6.8078	9,900	2.376	34,000	200	−170.80
4	和平饭店	70.18	48.5408	50	1,330,000	28	540,300	34.0381	49,800	13.46	2,052	7.272	−61.10
5	新世纪饭店	218	104	138	2,550,000	29.678	150,666	11.3	62,026	37.3	5,400	75	−39.30
6	华都饭店	133.3615	112.0786	58.4435	1,350,444	16.4058	288,000	20.16	50,400	10.584	27,000	162	−187.86
7	西苑饭店	222.9437	69.3879	112.9437	1,195,491	24.8775	285,000	24	40,000	10.5	5,500	33	−61.18
8	永安宾馆	31.7582	9.273	31.7582	300,036	3.908	36,125	2.5287	3,600	7.2	电锅炉加热	—	8.90
9	新侨饭店	220.3077	64.3646	28.4604	2,000,000	28.4604	75,389	4.4024	24,677	5.7713	6,000	36	80.90
10	长城饭店	888.8688	258.8251	563.8295	5,719,957	67.326	372,446	25.3263	78,292	18.0071	14,600	46.72	472.80
11	长富宫饭店	216	38.64	192	1,481,568	31.4858	162,029	10.832	39,060	9.3744	6,000	108	17.70
12	北京饭店	71	118.4637	15.4555	103,748	35.6439	393,760	26.3819	38,250	10.3275	6,570	39.42	−159.20
13	天桥宾馆	127	73.1064	23.3	998,000	22.4	180.000	16.24	9,125	1.825	—	—	13.40
14	京伦饭店	705	44.1	122.7888	2,340,581	38.5	285,795	16.0045	16,060	3.8644	7,884	—	602.50
15	亮马河大厦	275.1315	56.6786	122.0351	1,822,905	61.173	552,600	45.8658	59,795	13.394	2,920	13.14	84.80
	总计	2399.7241	1262.629	2155.3946	23,473,269	494.624	3,611,905	259.3513	536,432	154.0022	286,383	947.0451	944.16

注：1. 本次测算部含香山饭店、燕翔饭店。
2. 和平宾馆、天桥饭店、西苑饭店已完成燃气置换的单位，由于未投人使用仍按使用燃煤锅炉生产蒸汽计算。
3. 永安宾馆洗衣厂目前只加工洗漆客衣、客房床单、枕套、餐饮台布日采用外加工。

前门饭店年耗水总量达3.35万t,能耗费用达198万元人民币,CO_2的排放量为527t,年亏损205万元人民币;

民族饭店年耗水总量达1.79万t,能耗费用达200万元人民币,CO_2的排放量为533t,年亏损170万元人民币;

华都饭店年耗水总量达5.69万t,能耗费用达162万元人民币,CO_2的排放量为432t,年亏损188万元人民币。

通过调研发现,洗衣房用水过量给饭店经营造成的影响很大,引起了决策层的关注,董事会决定成立专家组专门论证洗衣房大量用水的负面效应,分析它的原因,找出解决办法。分析论证后发现,洗衣房大量用水不是洗衣过程中的正常用水,而是产业结构不合理和洗涤技术落后造成的。

产业结构不合理是因为大部分洗衣房吃不饱,开工不足,造成大量资源闲置,物不能尽其力,空耗自然资源,形成严重的资源浪费。它的唯一出路就是调整产业结构,变分散个体式经营为集约化生产规模化经营,走专业化生产的道路。

生产技术落后是国内洗衣房的传统洗衣技术的通病,其表现是:将衣物放到洗衣机中后,添加入洗涤剂,放满水后,启动洗衣机,洗衣程序完成后立即排水、甩干、再放水进入第二道、第三道……工序,总共七八道工序,一遍又一遍的放水、排水、甩干,周而复始洗一次衣服要填加十一二次净水,浪费当然很大。蒸汽的使用更为落后,热机上不安装疏水阀,蒸汽在热机中不停留就被直排放到大气中,这自然要造成能耗过量、水耗过量,形成不可想象的污染,也就使一个辛辛苦苦为旅游业效力的洗衣房无端地变成污染源,所以要使洗衣房完好地发挥作用,除了作产业化调整,将其由母体中分离出来外,还必须对其作技术更新的改造。因此集团决定将集团中开工不足的8家洗衣房全部关掉,从原饭店中分离出来,联合香港万达工程公司、澳门恒河企业集团,采用德国的联合洗衣技术成立一家具有一定综合洗衣能力的洗涤公司——北京首旅酒店洗涤公司。

2. 工艺路线

新建的联合洗衣技术改变了传统的一人一机的个体化运行的模式,将洗衣从预洗开始,经主洗、中洗、漂洗、清洗消毒、甩干、最后到烘干的全部工序集成到一台机器中,以生产线的流程方式一次性完成洗衣的各道工序,其工艺流程如图2-6-5所示。

水流与物流方向正好相反,衣物由流程的首部进入第一道预洗工序,经两道主洗工序,四道中洗工序,三道漂洗工序,一道清洗消毒工序,最后经挤干工序,完成洗衣全过程。而水是从洗衣的最后第二道清洗消毒工序开始,由后往前进入三道漂洗,漂洗后排入洗衣用水中继1号水箱,经混凝、沉淀、过滤,然后又被送入中洗工序(完成第一个循环,进入第二个循环),完成四道中洗工序后水又被排入中继2号水箱,经混凝、沉淀、过滤,被送到预洗工序(完成第二个循环,进入第三个循环),

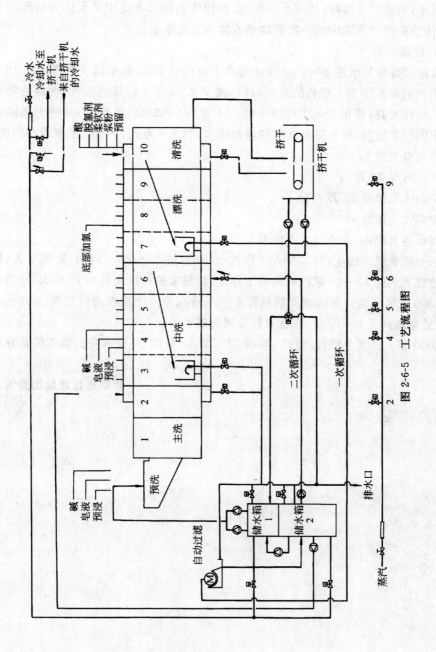

图 2-6-5 工艺流程图

水由预洗往后进入中主洗工序,完成两道主洗工序之后被排放,在一个洗衣周期内洗衣用水,完成三个循环,使用十一次,这在传统的洗衣方式中是无论如何都办不到的,传统的洗衣方式中洗一次衣物要填加十二次净水。

3. 经济分析

改造后每年节水量37万t。节水带来了蒸汽的节省,每年减少蒸汽损耗16.7万t,蒸汽的降耗带来了燃料的降耗,每年减少2.56万t标煤的损耗;燃料的降耗带来了环保效益,每年少向大气中排放7.7万tCO_2、2560万tSO_2;最终为集团带来巨大的经济效益,每年降低洗衣的运营成本3269.6万元人民币,三年总共创造:

节省自来水111万t;

节省标煤23万t;

少向大气排放23万tCO_2;

少向大气排放7680tSO_2;

降低运营成本9800万元人民币。

联合洗衣技术的生产线,每天工作八个小时,洗20～25t白活只需两个人,相当于传统方式的13～15家洗衣房的工作量,而每家的一线人员不下20人,相当于260～300人的劳动。其洗衣周期只有4～5分钟,而传统洗衣的周期高达30～40分钟,效率提高了6～10倍,在洗衣行业属先进水平。

2000年8月至今已经运行三年,取得了节水、节能、环保和降低成本的良好效果。

北京市首旅集团企管部

《城市节约用水技术丛书》简介

由北京市城市节约用水办公室组织编写的《城市节约用水技术丛书》共四册，分别是《中水工程实例及评析》、《节水新技术与示范工程实例》、《生活用水器具与节约用水》、《城市雨水利用技术与管理》，陆续出版。已出版与即将出版的介绍如下：

《中水工程实例及评析》（书号：11194）

2003年5月出版，定价：37.00元

书中汇集了北京市不同类型中水工程的实例共53项，同时从水质、水量、工艺流程、经济分析、设施管理及存在问题等不同方面对各中水工程进行评述分析，便于读者参考。

《生活用水器具与节约用水》（书号：12344）

2004年4月出版，定价：18.00元

书中系统介绍了节约用水器具的研究、开发、应用及推广、普及，并汇集了有关节约用水的法规，以达到使节水器具在实践中真正发挥作用的目的。